進化論の進化史

ジョン・グリビン&メアリー・グリビン　水谷 淳訳

アリストテレスからDNAまで

On the Origin of Evolution

Tracing 'Darwin's Dangerous Idea' from Aristotle to DNA

JOHN and MARY GRIBBIN

早川書房

進化論の進化史

——アリストテレスからＤＮＡまで

ON THE ORIGIN OF EVOLUTION

Tracing 'Darwin's Dangerous Idea' from Aristotle to DNA

by

John Gribbin and Mary Gribbin

Translated by
Jun Mizutani
First published 2022 in Japan by
Hayakawa Publishing, Inc.
This book is published in Japan by
arrangement with
The John and Mary Gribbin Partnership
c/o David Higham Associates Limited
through Tuttle-Mori Agency, Inc., Tokyo.

装幀／k 2

進化とは

自然選択による進化が起こるためには、生物が繁殖して自らの複製を作ることが必要だが、それと同時に、次の世代に多様性が生じるよう、その複製は完璧であってはならない。その多様性によって、理由は何であれ一部の子孫がほかの子孫に比べて自らの繁殖により成功すれば、その成功をもたらした特徴がその後の世代に広まっていく。そうしてその特徴が選択されるのだ。

しかしそもそも自然選択を受けるためには、繁殖可能な年齢まで長生きしなければならず、より長生きしてより多く繁殖すればするほど好ましい。したがってダーウィンの進化論は次のような一文に要約できる。「死んでしまう動物よりも生きつづける動物のほうが繁殖できるチャンスが高い」。あるいはこうも言えるだろう。「長生きすれば繁栄できる」。

目次

訳者による注は〔　〕で示した。

はじめに――ダーウィン神話を打ち崩す

　イングランド・ケント州のとある村に立つ邸宅の書斎。机に向かうその男は、それまで二〇年にわたって、生命の起源に関する自身の革新的な理論を裏付ける証拠をひそかに集めてきた。その研究について知っているのは片手で数えられるほどの近しい友人だけで、まだ世間に広く公表する段階にはなかった。そんな男のもとに、使用人が郵便物を持ってきた。すると男の目は一通の手紙に釘付けになった。しっかりと封がされているが、はるばる運ばれてきたせいで薄汚れていて、遠方から送られたことは間違いない。男はペーパーナイフを手に取り、封筒を開け、目を通しはじめた。すると頭がくらくらしてきて心臓の鼓動が速くなり、ペーパーナイフをうっかり机の上に落としてしまう。恐れていたとおりだ。地球の反対側にいる一人の無名の植物採集者が、どういうわけか自分と同じ素晴らしいアイデアを思いついていたのだ。自分が先に考えついたと主張するのはいっさいあきらめて、歴史の片隅に追いやられる運命を受け入れるしかない。だが待て、相手はまだそのアイデアを発表していないではないか！

　少なくとも都市伝説によると、このような経緯でチャールズ・ダーウィンは、アルフレッド・

ラッセル・ウォレスが自然選択による進化の理論を独自に構築していたことを知ったとされている。ところがこの話は事実とだいぶ違う。都市伝説によれば、孤独な天才チャールズ・ダーウィンは何十年ものあいだ郊外に引きこもって生物種の起源について頭を悩ませた末に、「エウレカ！」の瞬間が訪れてすべての辻褄（つじつま）が合い、大胆すぎてそれまで誰も思いつかなかった考えにたどり着いたとされている。生物種は進化するという考えだ。しかし実際のところ、ダーウィンがその理論に関する大著を出版した一八五九年には、進化が「事実」であることはすでに広く受け入れられていて、何十年も前から科学者のあいだで真剣に論じられていた。そんななかでダーウィンが果たした特別な貢献は、進化のメカニズムを自然選択のプロセスによって説明したことである。自然選択が作用することで、より適した個体は繁栄して子孫を作る一方、「適応」していない個体は生き延びるのに苦労して子孫をほとんど残さないという考えだ。しかしこの考えすらも、ダーウィン独自の発想ではなかった。同じく博物学者のアルフレッド・ラッセル・ウォレスも独自に同じことを考えついていたのだ。ウォレスからそれを説明する手紙を受け取ったダーウィンは、思惑よりも早く自分の考えを公表せざるをえなくなった。この点だけは真実である。先ほどの都市伝説がいつの間にかはびこってしまった一つの証（あか）しとして、ケンブリッジ大学のある高名な科学史学者ですら、二〇〇九年という最近になってもなお次のように述べている。

> マレーシアの無名の採集者から一通の手紙を受け取ったダーウィンは、自分と同じような道筋で考察を進めている人物がほかにもいることを知った。そこで何人かを味方に付けてこのライバルの邪魔をし、急いで『種の起源』の刊行にこぎつけた。[1]

ウォレスは無名の採集者などではなく、れっきとした博物学者だった。しかし莫大な財産を相続したダーウィンと違って運に恵まれなかったため、動植物を収集してはそれを売ることで旅行資金をまかなっていた。ダーウィンとたびたび手紙のやり取りをしていて、「生物種の問題」に関する科学論文も何本か発表しており、なかでも一八五五年に掲載された論文を読んだダーウィンはウォレスに、「私たちはそっくりなことを考えているとはっきり分かりました」と手紙で伝えた。そう気づいたダーウィンは衝動的にライバルの邪魔をすることなどせずに、ウォレスが論文を発表して自分の手柄にすることを良しとした。第六章で説明するが、二人の名前で共著論文をまとめ、自然選択説を広く公表して二人ともが手柄を認められるようけしかけたのは、ダーウィンの友人たちだった。

一八五九年当時、自然選択による進化という考え方はすでに機が熟していて、ダーウィンとウォレスのどちらかが考えつかなくてもほかの誰かがすぐに思いついていただろう。そのなかの一人がウォレスの友人ヘンリー・ベイツで、本書では彼のことも大きく取り上げたい。ではどのようにして実際に知られているとおりの経緯に至ったのか？　なぜ種の起源の理論はウォレスでなくダーウィンの功績とされているのか？　本書はそれを探った一冊である。

序　章

生物が進化するというのは事実である。自然界でも観察されているし（もっとも有名なのがチャールズ・ダーウィンの調べたガラパゴス諸島のフィンチ）、化石記録からも読み取れるし、抗生物質に耐性を持つ「スーパーバグ」が出現することからも分かる。この事実を説明するためにいくつもの理論が提唱されている。ちょうど、物体が落下したり惑星が太陽の周りを公転したりするという事実を説明するために、アイザック・ニュートンとアルベルト・アインシュタインがそれぞれ異なる理論を提唱したのと同じである。現在のところもっとも優れた重力理論はアインシュタインの一般相対論で、観察される数々の事実をこの理論で見事に説明できるが、ニュートンの理論も多くの目的にとっては十分に役に立つ。一方、観察される事実をうまく説明できるという意味で現在のところもっとも優れた進化論は自然選択の理論だが、ちょうどニュートンの理論が究極の重力理論でなかったのと同じように、自然選択の理論も究極の進化論ではないかもしれない。とはいえ、アインシュタインがニュートンの理論を改良してもリンゴが木から落ちなくなるなどということはなかったし、誰かがダーウィンの理論を改良したところで（のちほど述べるとおり実際に改良されている）生物が進化をやめるなどということもない。そのため本書は実は「進化の起源」にまつわる本ではなく、「進化に関する諸説の起源」にまつわる本だが、そんな長ったらしいタイトルを付けるわけにはいかなかった。

このように自然選択による進化の理論は、けっしてチャールズ・ダーウィンの脳みそが何もないところから完全な形で生み出したものではない。古代ギリシャ時代から進化の概念はさまざまな形で存在していた。ダーウィンの進化論の要（かなめ）である自然選択ですら、彼以前の時代や同時代の何人かがまるで曇った鏡に映して見るようにおぼろげにとらえていたし、同時代のアルフレッド・ラッセル・ウォレスに至ってはダーウィンと同じようにはっきりと認識した。また、ダニエル・デネットの言う「ダーウィンの危険な思想」によって進化論が最終的に完成したわけでもない。本書の狙いは、そのダーウィンの思想を正しい歴史のなかでとらえて、それが以前の考え方からどのように構築されたのかを明らかにすることにある。また、二〇世紀に入って進化の遺伝学的・生化学的メカニズムが解明されたことで、いわゆる「総合説」、さらにはその先の理論へと発展していった経緯もひもといていく。とはいえ、個体や生物種のレベルで進化が起こるしくみを見抜いたダーウィン本人の貢献度が下がることはない。その考え方は、ひとたび説明されてしまえば誰にでも理解できる。「ダーウィンのブルドッグ」だったトマス・ヘンリー・ハクスリーは、初めてダーウィンの進化論を知ったとき、「これを考えつかなかったなんてどんなに愚かだったのか」とこぼしたという。しかし誰でも知っているとおり、後から見たら当たり前に思えることでも、最初に考えつくにはとてつもない洞察力が必要だ。ダーウィンが残したもう一つの大きな功績は、ウォレスなどと違ってその考えを明快で手に取りやすい本にまとめ、彼ほどの知能を持たない人たちにも理解できるようにしたことである。ダーウィンは自然選択説を誰よりも広めようとした人物とみなせるが、本書で明らかにしていくとおり彼の貢献は、古代から綿々とつながっていていまでも伸ばされつつある、一本の鎖を構成する一個の輪にすぎない。本書の物語はけっして完全ではなく、進化について思索した歴史上のすべての人物の取り組みをくまなく説明したものではないが、そのなかの主要な人物たちにスポットライトを当てることで、ダーウィン以前と以後にこの物語がどのように展開していったのかをおおざっぱにとらえられていれば幸いだ。

ジョン・グリビン、メアリー・グリビン

第1部　ダーウィン以前

第1章　曇った鏡に映して

一九世紀のヨーロッパで進化の概念が革新的と受け止められたのは、キリスト教によって確立されていた、この世界は本質的に不変であって、生物を含め万物の形は神によって定められたとする思想を覆(くつがえ)したからだった。その思想は実はキリスト教以前にまでさかのぼる。古代ギリシャでは、プラトンやその弟子のアリストテレス、そしてストア学派の哲学者たちが揃いも揃って、すべての生物の形は神々によって定められたと説いていた。プラトンの哲学のおおもとにあるのが、「イデア」という概念である。プラトンいわく、イデアとは物体の理想的な姿形のことである。たとえば完璧な三角形というイデアが存在するが、地上で描くことのできる三角形はすべて、そのイデアに似た不完全な代物(しろもの)にすぎない。同じようにどの種類の動植物に対しても、神から与えられたイデアが存在する。ウマのすべての特徴を備えた完璧な例であるウマのイデアが存在するが、地上に生きているウマはどれもそのウマのイデアを不完全な形で再現したものにすぎず、そのため一頭一頭違っている。しかしウマがたとえばシマウマに変わることはけっしてない。三角形が四角形に変わることがないのと同じだ。

アリストテレス（前三八四－前三二二）はこの考え方をさらに発展させ、遺（のこ）した文書を通じてのちの時代のキリスト教神学者たちに大きな影響を与えた。アリストテレスがキリスト教に遺した概念の一つが、地上の各種の生物を複雑さに応じて順番に並べた（もちろん人間が最上位に来る）、「存在の大いなる連鎖」または「生命の梯子（はしご）」と呼ばれるものである。アリストテレスは、生物のさまざまな特徴は「目的因」というものに基づいており、各特徴の違いは何らかの目的に合わせて意図的に決められていると論じた。しかし本書にとってそれと同じくらい興味深いのは、先人のエンペドクレス（前四九〇頃－前四三〇）が説いた、生物の形は偶然によって決まったのかもしれないという考え方を、アリストテレスが必死で否定しようとしたことである。そのように一目置かれていたエンペドクレスの思想は、当時ある程度の影響力を持っていたに違いない。それは進化の理論ではなかったが、見方によっては自然選択の考え方を含んでいるともいえる。アリストテレスはエンペドクレスの説が無意味でばかげていることを示すために、あえてそのプロセスがどうなっているのかを説明した。前歯は鋭利で食べ物を噛み切るのに適しており、奥歯は太くて食べ物をすり潰すのに適していると指摘した上で、次のように論じている。

> ……エンペドクレスが唱えているところによれば、次のように言うことができる。それは意図的にそのように作られたのではなく、偶然によってそのような作りになったのであって、この理屈は、何らかのはっきりした目的を持つ身体のほかの部位にも当てはまる。偶然によって適切な形に組み立てられ、あたかも何らかの目的のために作られたかのようなものはどれも存続するが、適切でないような形に作られたものは失われて滅びるというのだ。[2]

アリストテレスは、そのような身体の部位が「幸運や偶然」によって生まれるはずはなく、こんなことは「ありえない」と切り捨てた。しかしここで実際に彼が否定しているのは、さまざまな種類の歯が存在しうるなかで前歯と奥歯だけが、生存にもっとも「適した」ものとして突然生まれたという考え方である。小さな変化が何世代もかけて積み重なることで進化が少しずつ進んでいくということには、古代の思索家たちは気づかなかったのだ。エンペドクレスの論をもっと詳しく見ていけばそれがよく分かる。

エンペドクレスの思想は、彼の書いた文書の断片やほかの人たちによる言及を介してしかいまに伝えられていない。ウィリアム・レナードによってまとめられて英訳されたそれらの文書の断片（一九〇八年出版）から垣間見られるとおり、エンペドクレスは原初の生命を、頭と胴体、目と手足をでたらめに組み合わせたグロテスクな代物ととらえていた。

首のない頭がいくつも生えてきて
肩のない細い腕が何本もうごめき
目が額を探してさまよった。
……
手足が別々にさまよい
あちらこちらで出合った。
……

それらが出合ってつながり
さまざまな生命が連々と連なるなかで
ほかにもたくさんの命が生まれた。
……
数えきれないほどの頭と引きずる足を持った生き物たち。
……
眉毛(まゆげ)と乳房を二重に持ったたくさんの生き物が生まれ
なかには牛の胴体の上に人間の顔が付いたものや
牛の頭の下に人間の胴体が付いたものもおり
さまざまな形の入り混じった生き物がいた……

そのなかで、生命にもっとも適した形のものだけが生き延びて繁殖した。エンペドクレスはこれはすべて大昔の出来事だと論じているが、彼の遺した文書からうかがい知れるとおり、生物はいまだに不完全なのだから、現在でも何らかの形の進化が続いているかもしれないと考えていたようだ。

古代ギリシャの進化論

さらに以前のギリシャ人哲学者アナクシマンドロス（前六一〇頃－前五四六）は、自然を科学的に探究しようといち早く説き、自然は法則に支配されていると仮定することでこの世界のさまざまな面を説明しようとした人物とされている。エンペドクレスと同じく現存する文書はきわめて少ないが、のちの人々の著作から、アナクシマンドロスはきわめて鋭い直観力を持っていたことが分かる。まず、人間は幼児期が長くて小さい頃は自分では何もできないのだから、最初の人間が無防備な赤ん坊として出現したはずはないと指摘している。そしてこの矛盾を解消するために、次のように論じている。人間よりも以前に、原始の海のなかで魚が出現した。すると魚に似た生き物の体内で、何らかの方法で最初の人間が形作られた。そして水中に漂うカプセルのようなもののなかでそれが成長し、ちょうどさなぎからチョウが出てくるように、自分で自分の面倒を見られる大人として飛び出してきた。このようにアナクシマンドロスは、最初の人間は完全な形ではなかったと考えていた。

エピクロス（前三四一－前二七〇）はどちらかというと、奇怪な生き物がうごめいていたとするエンペドクレスの考え方に近かった。神々の役割を否定する唯物論者であるエピクロスは、原子がいくつも組み合わさることで最初の生き物が生まれ、そのなかからもっとも生存に適したものが生き残り、それ以外は死に絶えたと考えた。このエピクロスの思想をローマ人著述家のルクレティウス（前九九頃－前五五頃）が広めて発展させた。彼の詩作『物の本質について』には、自身以前のギリシャ人哲学者たちの考え方が見事にまとめられている。

原子論者であるルクレティウスは、この世界はいまで言うところの素粒子が一時的に組み合わさってできているにすぎないと考えた。これは慈悲深い創造主の存在を否定する考え方である。もしもそのような創造主が存在していたのなら、その創造主は自らの創造物が永遠に存在しつづけるよう策を講じていたはずだ、とルクレティウスは論じた（ちなみにプラトンはこの論法を逆転させ、この世界は慈悲深い創造主によって作られたのだから永遠に続くはずだと唱えた）。その上で、もしもこの世界が慈悲深い創造主によって人間に都合の良いように作られたのだとしたら、なぜこれほどまでに人間の生存に適さないのかと指摘した。また、地上に生命がどのようにして出現したのかという疑問についても言及している。ルクレティウスいわく、若い頃の地球はとても肥沃で、土のなかからありとあらゆる形の生命がひとりでに生まれていた。そのほとんどは餌を取れずに、あるいは繁殖できずに死に絶えたが、いくつかの種類は力が強いか、ずる賢いか、または人間にとって有用だった（ルクレティウスですら人間を特別視していたようだ）がために生き残った。さらにルクレティウスは、生物が生き残るためには繁殖できなければならないと力説した。ここには、自然選択による進化という近現代的な概念のエッセンスがはっきりと読み取れる。選択を受ける多様性が存在していなければならないし、生物種は繁殖して子孫を残せなければならないと説いているのだ。ただし、選択を受ける多様性が繁殖によって生じるとまでは論じていない。エンペドクレスと同じく、選択は大昔の出来事であっていまはもう終わっていると言っているのだ。このように古代の哲学者たちは、現代の我々が考えるような進化の理論こそ唱えてはいなかったものの、なかには、地上に無数の生物がいるなかでそれぞれの生物がそれぞれの役割に合った形に作られているのはなぜか、その理由の少なくとも基本的なところを見抜いていた者もいたのだ。

自然は流転する

ギリシャ以外の文化でも、進化の概念の先駆けとみなせるようなものが論じられていた。中国では道教の始祖の一人である荘子（前三六九頃－前二八六）が、生物の変化について取り上げている。道教では、生物種は一定であるという考え方を否定して「永久流転」について論じ、ダーウィンとウォレスがそれぞれ独自に影響を受けた「生存競争」の概念を唱える一歩手前まで迫った。生物界ではすべての生物種が別の生物種の餌食になる。食物連鎖の頂点に立つライオンなどの生物も、病気の「餌食」になる。道教ではこの世知辛さを説明するために、もしもそのようにして餌食になることのない生物種が存在していたら、野放図に繁殖して食料をすべて食い尽くし、自ら絶滅してしまうだろうと論じている。人間が病気を根絶して無制限に繁殖しつづけたら、自分たちとこの世界を危険にさらしてしまう。これと似た主張を道教の哲学者でなく一八世紀のイギリス人聖職者トマス・マルサスが示し、それがダーウィンとウォレスの考え方に影響を与えることとなる。

地理的にも時代的にももっと現代の西洋に近い場所に目を移すと、イスラムの学者たちは、生物界と非生物界の関係性、各種の生物どうしの関わり合い、そして人間と動物の関係について頭をひねった。九世紀前半にアリストテレスの著作がアラビア語に翻訳され、一〇世紀には当時イスラム世界の一部だったスペインの学者たちのあいだで、いまで言うところの科学が盛んに議論されるようになった。九世紀の作家アル＝ハーヒズ（七七六－八六八）は著作『動物の書』のなかで次のように述べている。

　簡単に言うと、すべての動物は餌なくしては生きられないし、狩りをする動物も自分が狩られることは避けられない。弱い動物はいずれも、自分よりさらに弱い動物をむさぼり食う。

強い動物も、自分よりさらに強い動物にむさぼり食われるのは避けられない。その点で人間も動物と違わず、そこまで極端ではないものの一部の人間はほかの人間を餌食にする。要するに神は、一部の人間に他者を生かす役割を与え、後者に前者を死なせる役割を与えたのだ。[3]

イスラムの学者のなかには、地球や地上の生命ははるか昔から存在していたという認識に近づいた者もいた。ペルシャの博学者アヴィケンナ（イブン・スィーナー、九八〇頃―一〇三七）は次のように記している。

山は二つの原因によって形成される。大地震の最中などに起こる地殻の隆起の結果か、さもなければ、水が新たな流路を刻んで谷を削り取り、硬軟さまざまな種類の地層を侵食した結果である。風や水によって軟らかい地層は風化するが、硬い地層は損なわれない。地上の高地のほとんどはこの後者に由来する。そのような変化が成し遂げられるまでには長い歳月が必要で、そのあいだに山自体はある程度小さくなるかもしれない。

一三世紀のペルシャの博学者ナシール・アル＝ディーン・アル＝トゥーシー（一二〇一―一二七四）は、生物が環境に適応する方法について論じた。そこで用いられている表現は進化論に相当するものと解釈されることもあったが、それは少々希望的観測のようにも思える。アル＝トゥーシーは著作『ナシール倫理学』のなかで生物のさまざまなテーマについて論じ、生命の梯子に似た独自の概念を示した。生命の起源に関するアル＝トゥーシーの説はルクレティウスの説に似ていて、初めに混沌のなかから秩序と生命が生まれ、一部の生命が成功してほかの生命は挫折したとしている。はるか昔に進化論的な考え方が存在していたことを期待する人なら、次の一節に興奮を覚えることだろう。

新たな特徴をより速く獲得できる生物ほど、より変化しやすい。その結果、ほかの生物よりも有利な立場に立つ。……身体の変化は、体内や体外における相互の影響によって起こる。

しかしアル＝トゥーシーの言うその変化が、ある世代から次の世代へ移り変わるときに起こるものを指しているのか、それとも環境圧に応じて一つの個体の身体が変化することを指しているのか、それはけっして定かでない。後者の考え方はいまではラマルキズムと呼ばれていて、第四章で説明する。

このようなあいまいさは、イスラムのほかの学者の言葉を解釈する上でも問題になってくる。イブン・ハルドゥーン（一三三二－一四〇六）は著作『歴史序説』のなかで次のように論じている。

その後、動物界は広がって動物種が数を増やし、ゆっくりとした創造の過程によって最終的に、思考して思案することのできる人間が誕生する。人間のすぐ下の地位にあるのがサルの世界で、サルは利口さも認識力も備えているようだが、実際に思案して思考する段階には達していない。その時点では人間の第一段階である。我々が［身体的に］観察できるのはそこまでだ。

ハルドゥーンが単に創造の梯子に動物種を当てはめているだけでなく、サルから人間への進化について論じているのかどうか、それは定かでない。ただし別のところで、「すでに存在するものが別のものに変化する」と述べているのは間違いない。

これでもうお分かりのとおり、ダーウィンのはるか以前から西欧よりもはるかに広い地域に、自然界における人間の地位や生物種どうしの関係性について真剣に考える人たちがいた。とはいえ、近現代風の進化の考え方が生まれたのは西欧のキリスト教世界でのことで、凝り固まった宗教的社会環境は当然ながらその後押しにはならなかった。だが、もしもキリスト教徒たちがかつての何人かの思想家の考えにもっと注目していたら、たとえキリスト教的思想のなかでも事の成り行きは違っていたかもしれない。

創世の物語

初期キリスト教の重要人物のなかには、旧約聖書の創世記に記されている天地創造の話を文字どおりに受け止めるべきではなく、地上の生命はもっと原始的な生命から神の導きによって何らかの方法で発展してきたに違いないという考えに至った者もいた。初期キリスト教の哲学者・神学者のなかでももっとも重要な人物の一人であるアレクサンドリアのオリゲネス（一八四頃－二五三頃）は、膨大な著作を遺した。そしてそのなかの一冊で、聖書の物語は天地創造の様子を忠実に表現したものではなく、寓話とみなすべきだと説いていた。そのため三九九年にアレクサンドリアなどの教会会議で異端と判断され、五五三年には皇帝ユスティニアヌス一世が改めて異端との宣告を下してすべての著作を燃やすよう命じた。アリストテレスが亡きエンペドクレスを非難したのと同じように、オリゲネスの死から三〇〇年近くも経った頃にユスティニアヌスがわざわざそのような手を下したことから分かるとおり、オリゲネスは幅広い影響を与えていた。

ユスティニアヌスがオリゲネスをさかのぼって糾弾する以前に、ヒッポの司教であるアウグスティヌス（聖アウグスティヌス、三五四－四三〇）も創世記をめぐる論争に加わっていた。アウグスティヌスも多作で、さまざまなテーマに関する彼の考え方は年月とともに変化した。しかしそのなかで重要な教理の一つとして、聖書を文字どおりに解釈してもしも論理や道理と食い違ったら（理性は神から与えられた能力であって、それだけになおさら重要だとみなしていた）、聖書の記述は比喩や寓話として解釈すべきだと説いた。天地創造の物語は、創世記が書かれた当時の人々に理解できるよう、あえて単純な形で書かれたというのだ。この説は彼の大作『創世記逐語注解』の第五巻に収められている。アウグスティヌスいわく、創世記を正しく解釈すると、動物が水のなかから、植物が土のなかから現れて、「それぞれその本性に応じて年月とともに発展した」ということになる。そこでは、土のなかから種子が芽吹いて木に成長するというたとえが使われている。これは、たとえば胚（はい）から動物が成長することなどのたとえではなく、単純な祖先から生物種が発展することのたとえとなっている。神が生物にその潜在性を与え、生物はそれに従って「それぞれの種類に応じてそれぞれ異なる日に時間をかけて」生まれたというのだ。ただし前もって神によって計画されていたのだから、実際には進化でなくただの変化にすぎない。「神は最初に作った生き物たちに合わせて、まだ作っていない新たな生き物を多数作り、……そうして最初の創造の際に築いた世代を広げていった」。アウグスティヌスは種子のたとえを展開させて次のように論じている。

［種子の］なかには、やがて木に成長するものがすべて見えない形で含まれている。この世界［の起源］もそれと同じようにとらえなければならない。……そこには太陽や月や星々の存在する天界だけでなく、……出現以前から潜在力と原因を有していたがために水と土から作られた存在も含まれる。

「植物、ニワトリ、動物の命は完璧ではないものの、潜在性を秘めた状態で作られる」とアウグスティヌスは述べている。

『創世記について』という別の著作では、次のように論じている。「神が生身の手を使って塵（ちり）から人間を作ったというのは、とても幼稚な考えだ。……神は生身の手を使って人間を作ったのでもなければ、のどと唇で人間に息を吹き込んだのでもない」。アウグスティヌスの神学体系全般はキリスト教のいわば大黒柱の一本となったが、なぜかこの点の主張は無視されてもっと安易な聖書解釈が取り入れられ、無教養な大衆に合わせて広められた。もしもそうでなかったらどうなっていただろうか？　『種の起源』の出版を受けて論争が繰り広げられた一九世紀後半、ヘンリー・オズボーンは著書『自然科学思想史』のなかで次のように述べている[4]。

もしもアウグスティヌスの正説がキリスト教の教義に残されていたら、進化論は一九世紀でなくもっと早い一八世紀のうちに確立されて、その真偽をめぐる激しい論争はけっして起こっていなかっただろう。……創世記では動植物は瞬時に直接出現したと説かれているが、アウグスティヌスはそれを、アリストテレスの言う第一原因と、不完全なものから完全なものへの漸進的発展の概念に当てはめて解釈した。そうしてこのもっとも影響力のある師は、進化論を受け入れている現代の神学者たちによる進歩的な見方とかなり近い見解を弟子たちに遺した。

一九世紀の神学者がアリストテレスの言う第一原因と、不完全なものから完全なものへの漸進的発展の概念に即して進化をとらえたからといって、その見方が十分に広まったかどうかはまた別の話である。

アリストテレスのこの考え方が西洋のキリスト教に定着したのは、一二世紀、古代ギリシャの文書のアラビア語訳がラテン語に翻訳しなおされて学者たちの手に届くようになった頃だった。なかでももっとも大きい影響をおよぼした学者が、やはり聖人とされたトマス・アクィナス（一二二五－七四）である。トマスは、天地創造の七日間の話は比喩であるというアウグスティヌスの解釈には納得せず、神が六日で世界を作って七日目に休んだというのは文字どおり真実であると信じていた。しかしその一方で、アウグスティヌスの説の大部分は受け入れて創世記の物語を解釈しなおし、神は七日目に新たな生き物を作るのをやめたのだから、それ以降に生まれた生き物はオリジナルでなく、同じ姿形の祖先を持っていると考えた。今日の我々には、生物種のことを指していると受け取れるかもしれない。「神のもとでの創世によって神の摂理を通じて時間の経過とともに作られたすべてのものは、ある根本的なパターンに従った第一条件のもとで作られ、アウグスティヌスが述べているとおり……神は天と地を作った日に野のすべての植物も作ったが、ただし実際に作ったのではなく、『大地から芽生える前の状態で』、つまり潜在的に作ったのである」。それによって地上で月日とともに生命が何らかの形で発展し、それぞれの生物種がアリストテレスの言う完全なものを目指して進歩したというのだ。ただし重要な点としてトマスは、天地創造以後に新たな生物種が進化するという考え方ははっきりと否定している。

おもしろいことにトマスは、神がすべての人間の魂を直接作ったと論じておきながら、人間もほかの動物と同じ行動規則に従っているという考え方も受け入れたらしい。サウスイースタン・ルイジアナ大学のマット・ロッサノは、トマスの教えは現代の進化心理学（かつては社会生物学と呼ばれていた）の考え方と一部似ていると指摘している。トマスは『対異教徒大全』のなかで次のように述べている。

観察されているとおり、メスだけで子を育てられるイヌなどの動物では、オスとメスは性行為をおこなった後はともに過ごさない。しかしメスだけでは子を育てられないすべての動物では、オスとメスは性行為の後も、子を育ててしつけるのに必要な限りの期間ともに暮らす。鳥がそうで、孵（かえ）ったばかりの雛（ひな）は自分で餌を見つけられない。……したがってすべての動物のオスは、子を育てるのに父親の協力が欠かせない期間にわたってメスのそばに付き添っていることが必要であり、それゆえ人間の男も当然のごとく、短期間でなく長期間にわたって一人の決まった女に付き添うものである。

トマスはさらに、いまで言うところの「父性の確実性」、すなわちオスが自分の遺伝子を確実に次の世代へ伝えることの重要性も認識していた。

すべての動物は食べることと同じく、性的結合の快楽を自由に享受することを欲する。しかし何匹ものオスに対してメスが一匹しかいなかったり、あるいはその逆だったりすると、その自由は妨げられる。……だが人間の男にとっては、自分の子孫を作りたいと本能的に望む以上、一つ特別な理由がある。……妻が同時に二人以上の夫を持つことが許されないのは、そうでないと父性が確定しないからである。

ここではトマスは、神がすべてを定めているのになぜ男は父性を気にしなければならないのかという疑問には触れていない。それは自然の欲求であるとして片付けているのだが、ここに、なぜ「自然な」行動パターンが進化したのかという、現代の進化論の重要なポイントが垣間見られる。現代の進化論ではそれは、各個体が、次の世代に自分の遺伝子のコピーが受け継がれる確率を最大限に高めようとするためだと説明され、自然選択による進化ではそのコピーの作成がきわめて重要な要素となっている。「自然な」行動が自然に見えるのは、進化の観点から見てそれが成功してきたからだということだ。トマスは遺伝子についてはいっさい知らなかったものの、動物界にそのような自然な行動が見られる理由をはっきりと見抜いた上に、その点で人間の行動とそれ以外の動物の行動に違いはいっさいないことも同じくはっきりと理解した。トマスほどの慧(けい)

眼と知性の持ち主がもし、六〇〇年後にチャールズ・ダーウィンが見つけた証拠を手にしたら、たとえ神が人間の魂を作ったと堅く信じていたとしても、自然選択による進化の概念を受け入れたか、または自ら発見したことだろう。残念ながらその六〇〇年間の大半を通じて、キリスト教の教えに携わるほとんどの人はトマスほどの慧眼と知性を備えてはおらず、身の回りの世界は神によって設計されて一定不変であるというのが公式の教義となっていた。こと生命に関しては、存在の大いなる連鎖や生命の梯子というイメージは間違ってはいなかった。一つ一つの生物種は鎖の輪、あるいは梯子の段を構成していて、その鎖や梯子は上から順番に神、天使や人間（死は免れないが、精気からなる魂を持っている）、動物や植物や鉱物へとつながっている。トマス以降何百年にもわたる支配者たちにとって、このイメージは大きな威力を発揮した。というのも、このイメージをさらに膨らませれば、社会を構成する一人一人の人間の立場も存在の大いなる連鎖の一部として神によって定められていると言い張れたからだ。小作人も貴族も、一文無しも王も、神に命じられた自分の運命を受け入れるしかない。堕落して下等動物のように振る舞うのも罪深いが、逆に自分の地位よりも高い知識を手にして、高い地位の人間のように気高く振る舞うのも罪深い。そのため支配階級はこの考え方を盛んに広めようとした。

このようにプラトンやアリストテレスの考えをキリスト教に当てはめた世界観では、鎖のすべての輪（梯子のすべての段）がそれぞれ一つの生物種によって占められていて、空っぽの輪は一つもなく、隣り合った生物種どうしが互いによく似ているため、ある生物種が鎖の別の場所に移動することはできない。この考え方は一八世紀になるまで生物学の中心原理でありつづけた。その影響力を何よりも物語っているのが、アレキサンダー・ポープが一七一四年に詠んだ『髪盗人(びと)』の一節である。

存在の大いなる連鎖よ！　それは神から始まり、
霊的存在、人間、天使、男、
獣、鳥、魚、虫、目に見えないもの、
拡大鏡でも見えないものと、無限から汝へ、
汝から無へと続いている。――上位の存在に我々が押し寄せ、
下位の存在が我々に押し寄せる。
さもないと宇宙全体のなかに空隙(くうげき)が残り、
そこで一つの段が壊れて大いなる梯子は崩れ去る。
自然の鎖からどの輪を叩き壊そうが、
たとえそれが一〇分の一、あるいは一万分の一であろうとも、鎖全体が壊れてしまう。

しかしこの頃にはすでに、一七世紀を代表する偉大な天才の一人によって生物の進化と種の変化という概念がはっきりと示されていて、一六世紀半ばに始まっていた科学革命においてその人物は中心的な役割を果たしていた。

第2章　偽りの夜明け

ルネサンスと呼ばれる西欧文化復興のきっかけの一つとなったのは、一五世紀に東ローマ帝国（ビザンティン帝国）が滅亡して、ギリシャ語を話す学者たちがイタリアへ、さらにその西方へと移動し、それとともに伝わった考え方や文書が文明の再生を後押ししたことであるとされている。そのほかにも要因があって、なかでも特筆すべきが同じく一五世紀のヨハネス・グーテンベルクによる可動活字（活版）の発明だが、原因が何であれ一六世紀初めにはルネサンスはかなり進んでいた。

この知的発展の初期には、古代の教えが物質界や生物界をもっとも正しく記述しているものとして受け入れられていた。一六世紀の人々は、自分たちよりも知性の高いアリストテレスなどの古代ギリシャ人がすでに知っていた事柄を、自分たちは再発見しているにすぎないのだとみなしていた。しかしそんな状況もまもなく変わりはじめる。科学のルネサンスが始まったとされる一五四三年、ニコラウス・コペルニクスが著作『天球の回転について』のなかで、地球は太陽の周りを回っていると唱えた。その同じ年、ベルギーのアンドレアス・ヴェサリウスが、同じく重要な（だがあまり有名でない）著作『人体の構造について』を出版し、解剖に基づいて人体の構造を初めて正確に記述した。近視眼に陥っていない人が見る限り、地球は惑星の一つにすぎず、人間は動物の一種にすぎないことが明らかとなったのだ。しかし残念ながら多くの人は、それから何百年ものあいだ、自然界における人間の地位に関する偏見から逃れられなかった。とはいえ第一歩は踏み出された。

化石の声を聴く

進化の解明に向けた第一歩は、太古の岩石のなかに保存されたかつての生物の痕跡、すなわち化石の研究によって踏み出された。もっと詳しく説明する必要があるだろう。第一に、化石は生物の痕跡であるとみなされなければならない。第二に、岩石は太古に形成されたとみなされなければならない。一七世紀初めにはどちらの主張もさほど広くは受け入れられていなかった。もちろん多くの人は化石の存在には気づいていた。化石の正体に頭をひねった思索家の一人が、レオナルド・ダ・ヴィンチ（一四五二－一五一九）である。大きな謎の一つが、貝殻に似た模様の刻まれた岩石が海から遠く離れた山中で見つかることだった。当時受け入れられていた説によると、その模様は貝殻でないどころか単に生物の形に似ているだけで、岩石が形成されたときに星や月の謎めいた影響によって刻まれたのであって、もしかしたらいまでも刻まれつづけているのかもしれないとされていた。レオナルドはそんな説にはいっさい耳を貸さなかったのだろう。化石がどのように作られるのかは分からなかったものの、超自然的な代物でないことは確信していたのだ。一六世紀初めに手稿に次のように記している。

これらの貝殻がこのような場所で、その土地の性質または天界の力によってかつて作られ、いまでも作られつづけていると言う者がいるが、……高い推論能力を備えた脳みそのなかにそのような考えが存在するはずはない。

それから一五〇年後、高い推論能力を備えた一人の人物がこの謎に挑む。

その人物ロバート・フックは、「ロンドンのレオナルド」とたびたび形容される。レオナルドと同じく多芸多才で、天文学や顕微鏡研究に大きな貢献を果たしただけでなく、一六六六年の大火で焼けたロンドンの再建をクリストファー・レンとともに進めた（レンの手によるとされている教会の多くはフックが手がけた）。またいち早く科学の普及に努め、彼の著作『顕微鏡図譜』をサミュエル・ピープスは、「生まれてこのかた読んできたなかでもっとも独創的な一冊」と評した。しかしここでは、生前にはほとんど相手にされなかった生物科学と地球科学の研究に注目していくことにする。

フックは一六三五年、グレートブリテン島の南に浮かぶワイト島のフレッシュウォーターという町で生まれた。注目すべき点として、この島では高い断崖に露出した白亜の地層に貝殻が大量に含まれていて、しかも波を絶対にかぶらない高い場所の地層でもそうだった。後年の回想によると、フックは子供の頃、海よりもずっと高いところの砂の層に「カキやカサガイ、何種類ものタマキビガイなど、さまざまな種類の貝殻がたくさん含まれている」のを見て好奇心を掻き立てられたという。[5] 当時の一般的な解釈では、聖書に記されている洪水と関係があるとされていたが、正確にどのようなプロセスが関わったのかは定かでなかった。

フックの父親は諸聖徒教会の副司祭で、聖書に基づく解釈を受け入れていたはずだ。そんな父親は身体の弱いロバートを兄と同じ学校には通わせられないと考え、自らの手で教育した。当時イングランド本土は清教徒革命による混乱の渦中にあったが、ワイト島は平穏だった。一六四八年に一三歳でその父親を亡くしたロバートは、いくばくかの遺産を手にロンドンへ渡ってウェストミンスター校に入学し、とくに数学で優れた成績を収めた。一六四九年一月にチャールズ一世が処刑されて議会のもとで秩序が回復すると、その新体制のもとでフックは一六五三年に一八歳でオックスフォード大学に進学した。しかし文学士号の試験は受けずに、いまで言う科学に関心を寄せる紳士階級の「哲学者」グループ（同大学の教授も何人か所属していた）の助手となった。そして正式な講義には出席せずに彼らから知識をこつこつと吸収し、そのなかでももっとも偉大な科学者ロバート・ボイル（一六二七−九一）の助手に就いた。一連の実験研究では事実上ボイルの共同研究者を務めた。議会による国王空位時代が終わってチャールズ二世により王政が復古し、一六六一年にロンドンに王立協会が創設されると、フックは同協会の実験監督者に就任した。そしてあっという間に王立協会に欠かせない人物となり、定期会合で正会員たち（その多くがかつてオックスフォード大学でフックが仕えていた紳士たち）に数々の実験を披露するとともに、独自の実験も進めた。フックの興味は多岐にわたったが、初めの頃は新発明の顕微鏡に関する研究が多かった。そしてその「最初の取り組み」の成果をまとめ、一六六五年初めに大著『顕微鏡図譜』を出版した。そのはしがきでは、神や謎めいた霊魂などにはいっさい触れずに、自然を機械論的に解釈するという自らの信念を貫いている。

自然の神秘的な作用はいずれも、人間の知恵によって考え出されて車輪やエンジンやばねによって作動する技巧の産物［要するに機械］と見分けがつかないだろう。

フックは『顕微鏡図譜』の出版までにさまざまな化石や珪化木（けいかぼく）を調べ、それらは確かにかつて生きていたと結論づけた上に、次のように考えるようになっていた。

……それらが死んだのちに、何らかの泥や粘土、または石質を含んだ水など何らかの物質が浸透し、長い歳月のあいだにそれが定着して貝殻の形に固化した。

その後、フックは王立協会でおこなった「地震」（地表のあらゆる変化を含む彼独自の用語）に関する連続講義のなかで、このテーマについてさらに詳しく論じた。[6] そして、化石は生物の身体そのものが石に変化したものか、または生物の残した跡であると断言した上で、レオナルドと同じく、そうでないと考える人たちを批判した。「化石は天界の途方もない影響によって作られ、恒星や惑星の相（そう）や位置がその生成を司（つかさど）っているという考え方は、空想にすぎず根拠に欠けている」と述べている。

同じ頃（ただし重要な点として『顕微鏡図譜』の出版後に）デンマーク人科学者のニールス・ステンセン（ラテン語名であるステノのほうが通りが良い）も、化石は生物の痕跡であると考えるようになった。ステノは一六三八年に生まれ、医師の資格を得たのちの一六六九年に自身唯一の重要な科学論文を発表した。そのタイトルは『固体中に自然に含まれている固体に関する論文の試論』。「固体中に含まれている固体」とは化石のことである。ステノはとくにタンストーンと呼ばれていたものに注目し、それは化石化したサメの歯であると正しく特定した。その上で、タンストーンを含む岩石は水中で形成されたとしか考えられず、そのような地層が何層もあることから、かつて大洪水が繰り返し起こったはずで、そのうちの最後のものが聖書に記されている洪水であると特定できると論じた。

ステノのこの説は王立協会書記のヘンリー・オルデンバーグによって英訳されて広められ、イングランド国内で注目を集めた。オルデンバーグはフックとそりが合わず、フックが以前の講義で示した地震に関する説をステノにこっそり教えていた。それを聞いてステノが化石に関する自説のさらなる裏付けを得たのかどうかは分からないが、オルデンバーグがそのステノの説を積極的に広めたことで、フックが先に示していたもっと包括的な研究成果は影が薄くなってしまった。しかしフックが批判したところで、ステノはそれに反論する立場にはなかった。科学から手を引いて（タイトルにあった「論文」は結局出版されなかった）カトリックの司祭として極端な禁欲主義に傾倒し、過酷な絶食と禁欲のせいもあって四八歳で世を去ったのだ。

だがフックはステノよりもはるかに先まで考察を進め、海洋生物の化石が海から遠く離れた標高の高い場所で見つかる理由をさらに深く見抜いた。高山の山頂や深い鉱坑の底、あるいは海から遠く離れた山中の石切り場でも化石が見つかることを示した上で、次のように論じている。「もしそうであれば、歳月の経過とともに大地の表面が変形して別の自然が作られたと考えるしかない。かつて海だった地域の一部がいまでは陸に、かつて陸だった地域の一部がいまでは海になっている。山の多くはかつて谷だったし、谷は山だった」

さらに、「長い歳月」と自分が言っているのはどういう意味なのかを詳しく説明している。

それらの化石はすべて同じときに作られたのではなく、あるものはある時代に、別のものは別の時代にと、かなりの期間にわたって作られたと考えられる。化石が作られた時代は、その生物の生育に適した土や泥の性状や厚さからある程度推測できるだろう。

このようにフックは、地球は当時の聖書学者が考えていた数千年よりもはるかに古いに違いないと気づいただけでなく、地層の形成年代を地表からの深さの測定によって特定できるかもしれないという考えにも至った。フックのこの慧眼が地質学や地球の年齢の決定におよぼした影響については次の章で見ていくが、進化に関するフックの考えはそれよりもさらに大きな意味合いを帯びていた。

「地震」に関するフックの講義は一七世紀の最後の四〇年間に何度もおこなわれ、死後に友人のリチャード・ウォラーによってまとめられて『フック博士の生涯』として出版された*。それは一七〇五年のことで、『種の起源』の一五〇年も前だったため、生命をめぐる革新的な説に関する限りにおいてはいっさい影響を残さなかったようにも思える。ところが実際にはフックは、アンモナイトの化石が生物の痕跡であって、現在アンモナイトが見られないのであれば、その生物種はすでに絶滅しているのだろうと考えた。そしてそこから、歳月とともに新たな生物種が出現することがあると推測した。

ほかにも現在は見つからない多くの生物種がかつての時代に生きていた可能性が低くないだけでなく、初めは存在していなかったいくつかの新たな生物種がいまでは生きているかもしれない。

さらに次のようにも論じている。

特定の地域に固有でそれ以外の地域には見られない動植物種がいくつか存在しているのだから、もしもそのような地域がかつて地中に飲み込まれたのであれば、それらの動物がその際に死に絶えたというのはありえないことではない。

ではフックは新たな生物種の由来をどのように説明したのか？　環境変化に基づいてである。同じ種のなかから、土地の変化によっていくつかの新たな変種が生まれてきただろう。分かっているとおり、気候や土壌や食物の変化によって、その影響を受ける身体にしばしばきわめて大きな変化が生じるからである。

＊現代になってドレイクが編纂した版がもっとも入手しやすい。

フックが最終的に導き出した結論は、ダーウィンとまったく同じではなかったものの、ビーグル号とその博物学者が世界一周航海から戻ってくる二〇〇年前に生まれた人物にしてみれば間違いなく目を見張るものだった。

当然ながら、自然界には我々が目にしたことのない生物種が多数存在するし、かつての時代にも現在は存在しないであろう生物種が多数存在していたと思われるし、現在の生物種に見られる多数の変種は以前の時代には存在していなかったであろう。……現在見られるのと同じ状態が初めからずっと続いてきたと結論づけるのは、きわめてばかげているように思われる。

これらの論述はすべて一七〇五年に書物として世に出た。フックは、地球の歴史はきわめて長く、いままでいう大量絶滅がこれまでに何度も起こっていて、絶滅のたびに新たな生物種が出現してきたという結論に至ったのだ。これで進化論は夜明けを迎えたように思えるが、実はそれはまやかしである。一八世紀の科学者はフックの導き出したこの結論にいっさい気づかないまま、進化の解明に向かって独自の道を進んでいったのだ。

生物の分類体系

包括的な進化の理論を構築するにしても、その前に生物種とその相互関係をはっきりと理解する必要があった。一七五〇年代にスウェーデン人植物学者のカール・リンネがそれについて初めて詳細に論じたが、そのもととなったのは、ロバート・フックよりも少しだけ年上のジョン・レイの研究であった。

レイは、けっして裕福ではないが貧しいというほどでもない家の出だった。一六二七年にイングランドのエセックス州で、鍛冶職人と薬草医（村の病人を治療する一種の「魔女」）のあいだに生まれた。両親とも地元の小さな社会で重要な役割を果たしていた。レイは教区司祭に学力の高さを認められて、ブレイントリーという町のグラマースクールへの進学が叶い、さらにケンブリッジ大学トリニティーカレッジ出身の教区副司祭の計らいで一六四四年に同大学へ入学した。ただし、紳士階級の学生に仕えて学費を稼ぐ「補助給費生」という身分だった。一六四八年に卒業したら叙任されて聖職者になるはずだったが、主教制度を廃止した議会と大学とのあいだの宗教対立がこじれたせいで叙任されず、トリニティーカレッジの特別研究員となった。そして一六六〇年までいくつかの教職に就いてある程度の成功を収め、一六五五年に父親を亡くすと、未亡人となった母親のために地元に邸宅を購入してやった。トリニティーカレッジの特別研究員として快適な住まいと自身の興味を追求する自由を与えられたレイは、関心のある学生たちの手を借りてさまざまな植物を類似点や相違点に基づいて分類することに徐々に没頭していった。しかし一六五〇年代末の政治的変化と王政復古によって、かつての教会の儀式形式とともに主教制度が復活すると、レイは叙任されて教区司祭への道に完全に乗り換えた。ところがその後、思わぬ展開が訪れる。以前に議会は主教制度の廃止とともに、国教会の再編成の一環として、すべての聖職者に盟約と呼ばれる宣誓を課す法を制定していた。そのためチャールズ二世はすべての聖職者に、この制度は不法であって、おこなった宣誓も無効であると公式に宣言するよう命じた。するとレイは、自身は盟約をおこなっていなかったものの、その宣誓は神に対する約束であって破ったり無効にしたりはできないと考え、チャールズ二世の求める宣言を拒否した。そして当局の反発を見越してすべての職を辞し、いずれの教会にも属さない司祭となった。司祭である限り世俗的な仕事に就くことはできなかったが、宣誓を破った者や、宣誓を破るよう仕向けた国王を敵に回していたため、司祭として礼拝を執りおこなうこともできなかった。

この板挟み状態から救ってくれたのが、ケンブリッジ大学時代の裕福な友人で、かつて植物採集仲間だったフランシス・ウィラビーである。ウィラビーはレイを、動植物の研究のためにヨーロッパ周遊に連れていった。二人は一六六三年四月に出発し、レイは一六六六年になってようやく帰国した。生物界に関する膨大な知見を頭のなかとノートに詰め込み、母国で詳しく調べるための標本を数多く携えていた。翌年には王立協会の正会員となり、さらに何度かイングランド国内で採集旅行をおこなった。レイはウィラビー家に下宿するようになったが、一六七二年にウィラビーが世を去ると結婚してエセックス州に里帰りし、一家所有の地所から上がる地代で慎ましく暮らした。研究のための時間をふんだんに手にしたレイは全三巻の大作『植物誌』の執筆に取りかかり、その三巻目は死の前年の一七〇四年に出版された。

レイは植物以外の本も執筆した。植物の前には魚や鳥の本（ウィラビー名義で出版されたが大部分はレイが執筆した）を書き、死後には「虫」の本が出版された（当時は鳥・獣・魚以外のすべての動物をひっくるめて「虫」と呼んでいた）。レイは膨大な資料を利用しやすい形にまとめるとともに、生物種をその生理機能・解剖学的構造・形態に基づいて類別する分類体系を構築した。史上初の系統的な分類体系で、このおかげで植物学や動物学の研究は科学的に厳密なものとなった。そんなレイは深い信仰心を持ちながらも、化石の意味について頭をひねり、現実世界の観察結果と聖書の字義通りの解釈とを折り合わせるのは困難だという考えに至った。一六六三年、ベルギーのブリュッヘ（ブリュージュ）近郊で埋没林の痕跡を観察した際には次のように記している。

古代のあらゆる記録よりはるか以前、この一帯は陸地であって森林に覆われていた。その後、荒れ狂う海に飲み込まれて長いあいだ水中に沈んだままとなり、やがて何本もの川から運ばれてきた土や泥が木々を埋め、積み重なっていって浅瀬になり、再び陸地へと復活した。……かつてその海の底はあまりにも深かったため、それらの大河からの堆積物は一〇〇フィート〔約三〇メートル〕積もってもなお、残らず海のなかに消えていた。……この世界が新しく、通常の説明ではいまだ五六〇〇年にも満たないとされていることを考えると、これは奇妙な話である。[7]

リンネはレイの先駆的な研究に大きく頼ってさらに高度な分類体系を構築したが、つねにイメージアップを図ろうと躍起になるあまり（自分に都合の良い自伝を五冊も書いた）、レイの研究に対して相応の功績を認めようとしなかった。それはかなり残念なことだ。そもそもリンネの業績はあまりにも大きくてイメージアップを図る必要などほとんどなく、かえってそのような小細工のせいでイメージが少々傷ついているのだから。

リンネは一七〇七年に生まれ、聖職者の父親は息子にも自分と同じ道を歩ませようとした。しかし聖職者になる使命感どころか、その意志も適性もなかった息子カールは、父親の許しを得て医学を志し、最初はスウェーデンのルンド大学で、一七二八年からは同じくウプサラ大学で学んだ。

その学生時代にリンネは、一七一七年にフランス人植物学者のセバスチャン・ヴァイヤンが提唱した、植物も有性生殖するという新たな説に興味を惹かれた。ヴァイヤンは植物のオスの器官とメスの器官を特定したが、当時はリンネを含め誰一人、受粉のプロセスに昆虫が果たす役割を正しく理解していなかった。父親が熱心なアマチュア植物学者だったことで、幼い頃から顕花植物に強い興味を持っていたリンネはこのとき、植物を生殖器官に基づいて特定・分類するというアイデアを思いついた。そして一七二九年に植物の有性生殖に関する学位論文を書き、それがきっかけで、いまだ二年生でありながら教授のオロフ・ルードベックに代わってウプサラ大学の植物園で講義や実演をおこなった。かつてルードベックは一六九五年にラップランドで植物採集遠征をおこなっていながら、一七〇二年の火災でノートと標本を失っていた。そんなルードベックに影響されてリンネも一七三二年、ウプサラ王立科学協会の支援を受けて同様の遠征に出発した。その頃にはすでに、花のおしべとめしべの数に基づいて植物を分類する体系を構築しつつあった。のちの回想によると、その遠征中、道端でたまたまウマの顎の骨を見つけたリンネは、「それぞれの動物がどんな種類の歯を何本持っていて、乳首がどこにいくつ付いているかが分かりさえすれば、すべての四肢動物を整理するための完全に自然な体系を構築できるはずだ」と思いついたという。[8] 目録の作成と標本の分類に執念を燃やし、何から何まで時間どおりに決められた形でやらなければ気が済まないリンネにとっては、それは自然な発想だった。多くの場合そんな性格は不利に働いてしまうところだが、そのおかげでリンネは自ら選んだライフワークにぴったりの人物でいられたのだった。

医師免許の取得に必要な要件を満たすためにオランダへ渡ったリンネは、ほぼ書き上げていた博士論文をハルデルヴェーク大学に提出して一七三五年に博士号を取得したが、その頃にはすでに植物を分類する自身初の試みに片を付けていた。その分類体系は、医学の勉強を終えたのと同じ年にオランダで『自然の体系』という書物のなかで発表された。リンネは一七三六年七月にイングランドを訪れてロンドンやオックスフォードの植物学者と会い、一七三八年までオランダで医師として働いたのちに、スウェーデンへ戻る途中でパリに立ち寄って植物学者たちと交流した。一七三八年六月にスウェーデンに帰国してからは、二度と国外に出ることはなかった。翌年に医師の娘サラ・モレアと結婚し、ストックホルムで一七四一年まで開業医として働いた。その後ウプサラ大学の医学教授となったが、一七四二年に植物学教授に移り、一七七八年に世を去るまでその職を務めた。

植物学教授となったリンネは、執拗なまでに物事を体系づける能力を思うがままに発揮した。学生たちを連れた日帰りの植物学実習は、スケジュールが分単位まで決められていた。自ら考案した特製の薄着を着せて必ず午前七時きっかりに出発し、ぴったり三〇分ごとに実演をおこなった。午後二時に昼食、午後四時に短い休憩を取った。細部までこだわり通す性癖は著作活動にも表れていた。植物学教授になってからは、つねに新しい本を書いたり、『自然の体系』に手を加えたりしていた。二つの単語からなる名前ですべての生物種を分類するというアイデア（レイから「拝借」してリンネが拡張した）を初めて発表したのは、一七五三年出版の著書『植物の種(しゅ)』

と、一七五八年出版の『自然の体系』第一〇版においてである。リンネはこの分野における自身の研究とレイなど先人の研究に基づいて、七五〇〇を超える植物種と四四〇〇の動物種を記載し、さまざまな場所で発表した。それらの種にはすべて、属と種を示す二名法の固有の名前が当てはめられている。たとえばオオカミはカニス・ルプスとなる。何百年ものあいだにそのリストは拡張と修正を受けてきたが、リンネのおかげで生物学者は、ある生物種をカニス・ルプスのような名前で呼んだり、ほかの生物学者がどの動植物のことを言っているのかを正確に判断したりできるようになった。この分類体系は、下位から属・科・目・綱・界と階層的になっている。またリンネは『自然の体系』第一〇版で、哺乳綱、霊長目、ホモ・サピエンスなど数多くの用語を導入し、生物界で我々人類が占める位置を特定できるようにした。その位置は次のとおりである（現代の用語に少々修正した）。

界：動物界
門：脊索動物門
亜門：脊椎動物亜門
綱：哺乳綱
目：霊長目
科：ヒト科
属：ヒト属（ホモ）
種：ヒト（サピエンス）

リンネは人間をこのように分類していいものかどうか悩み抜いた。一八世紀半ば当時、人間も動物と同じように分類できるかもしれないとほのめかすことすら、向こう見ずな行為だったからだ。それでもリンネは一七四六年に出版された著書『スウェーデンの動物相』のなかで、「科学的原理に基づいて人間を類人猿と区別できる特徴はまだ見つからない」と論じた。翌年には同業の学者に宛てた手紙のなかで次のように記している。

人間と類人猿の包括的相違として自然史の原理を満たすものが何かないか、あなたにも全世界の人にも問いたい。私にはまったく分からない。……人間を類人猿と呼んだり、類人猿を人間と呼んだりしたら、あらゆる神学者に袋叩きに遭うはずだ。それでも科学の規則には従うべきだろう。[9]

最終的にリンネは、神学者の怒りを買わないよう科学の規則をねじ曲げて、人間という種を固有の属であるヒト属のなかに収めた。現代になってほかにもいくつかの種（絶滅種）がヒト属に含められたものの、近年のＤＮＡ研究によって外見に基づくこの分類の妥当性は裏付けられている。科学的に理にかなったどんな分類基準から言っても、チンパンジーはチンパンジー属に含め、ゴリラは同じく我々に近縁のゴリラ属に含めるべきである。しかしここで重要なのは、リンネがそれを見抜いたのが『種の起源』の出版の一〇〇年以上前、そしてダーウィンが『人間の由来』を出版して神学者たちに異議を唱える一四〇年前だったことである。とはいえ信心深いリンネは、植物の新たな変種がときどき出現するのに気づいていながらも、新たな生物種が進化しうるなどとは考えなかった。皮肉にも生物学に「進化」という用語を持ち込んだのは、リンネと同時代の人物で、同じく生物種は神が作った不変なものであると信じていたシャルル・ボネである。

発生の謎

生物種のもっとも重要な要件はもちろん、同じ種に属する個体どうしが繁殖でき、そうして生まれた子がさらに同じ種のほかの個体と繁殖できることである。たとえばオスのウマとメスのウマが交尾するとウマが生まれ、オスのロバとメスのロバが交尾するとロバが生まれる。オスのロバとメスのウマが交尾するとラバが生まれるが、ウマとロバは別種なので、生まれたラバは子を作れない。この例のように植物界や動物界では繁殖にはたいてい性が関わっているが、ボネは、少なくとも一つの生物種が性と関係なしに繁殖できることを示す証拠を発見して腰を抜かした。

ボネは一七二〇年、当時まだ独立した共和国だったジュネーヴで生まれ、おそらく生涯その地に留まって一七九三年に世を去った。父親の望みどおり法学を修め、形ばかりは弁護士として働いたが、一家が裕福だったおかげで本当に興味のある自然界の研究に没頭できた。さまざまな観察をおこない、たとえば植物の葉を水中に沈めると表面に泡が発生するのに気づいて、植物が気体を発生させていることを明らかにしたり、イモムシやチョウが身体に開いた穴から呼吸していることを発見して、その穴を気門と命名したりした。しかしもっとも驚きの発見は、メスのアブラムシがオスの助けをいっさい借りずに子を作れることで、現在ではそれは単為生殖と呼ばれている。ボネが昆虫の繁殖に興味を持ったきっかけの一つは、オランダでとある裕福な家の家庭教師を務めていたおじのアブラーム・トランブレー（一七一〇－八四）と手紙をやり取りしたことだった。トランブレーはそれからまもなくして、ヒドラという小さな水生生物に関する実験で名を上げる。ヒドラは植物と動物の中間のような姿をしていて、動物のように動くことができるが、二つに切るとまるで植物のようにそれぞれの切れ端が再生して新たな個体になる。しかし一七四〇年当時、まだ法学を学んでいたボネがトランブレーと手紙で論じ合っていたテーマの一つは、アブラムシの性質についてだった。その頃、オスのアブラムシはまだ一匹も見つかっていなかったが、それでもアブラムシは間違いなく繁殖して、メスが子（若虫）を作っている。ボネはこの謎を解き明かしてやろうと思った。そこで、木の枝を入れたガラスの密封容器に生まれたばかりのアブラムシを一匹だけ入れ、誰にも手を触れさせないよう、自室で五月二〇日から六月二四日まで見張った。すると六月一日にそのアブラムシが最初のメスを作り、それから六月二四日までにさらに九四匹の子を作った。この「処女生殖」の観察結果は、それから数週間のうちにトランブレーを含め何人かの研究者によって確認され、ボネは弱冠二〇歳にしてフランス科学アカデミーの通信会員に任命された。そしてさらに実験を続け、オスといっさい出会わない処女のアブラムシを三〇世代にわたたって育てた。

ではこの発見にはどういう意味があったのか？　一七四〇年一二月にボネによってオスのアブラムシが発見されたが、それでも未交尾のメスのアブラムシが繁殖できるという事実は変わらなかった。視力が下がってそれ以上実験を進められなくなったボネは、この事実の意味するところについて考察する時間をたっぷりと手に入れ、哲学的な問題に関心を向けて一連の著作のなかで論じ、それらの著書は広く読まれた。ボネは単為生殖について次のように解釈した。アブラムシのすべての個体は最初から神によって作られていて、マトリョーシカのように互いに入れ子状になっており、適切なときになると外へ出てくるというのだ。

当時広く信じられたこの考え方は、前成説と呼ばれている。親の振る舞いや環境が新たに生まれた個体の成長に影響を与えることはあるかもしれないが、個体の基本的な特徴は完全に神によって定められているという考え方だ。この前成説はアブラムシだけでなくすべての生物種に当てはめられ、オスの役割は母親の体内にある次の個体の成長を促すいわば引き金にすぎないとされた。そのような思潮のなかでボネは一七六二年、著書『有機体論考』で生物学に「進化」という言葉を導入した。「進化」に相当する英語 evolution はラテン語の evolutionem が語源で、これは「巻物を広げる」という意味である。つまり巻物を広げると、すでに神によって書かれていた事柄が現れてくるということだ。これは現代の意味とは正反対で、それゆえチャールズ・ダーウィンはこの言葉を使いたがらなかったことがよく知られている（『種の起源』にはこの言葉は一度も登場せず、代わりに「変化を伴う継承」という言い回しが用いられている）。ただしのちほど述べるとおり、その祖父エラズマス・ダーウィンにはそのようなためらいはなかった。しかしボネの時代にはすでに、このような形の前成説は間違っていることが明らかとなっていた。早くも一七四五年には、ピエール＝ルイ・モロー・ド・モーペルテュイ（一六九八－一七五九）が著書『生身のヴィーナス』のなかで、成体の小型版である胚がただ大きくなるだけだという説は間違っていて、さまざまな特徴が一つずつ現れる「後成」によって胚が成長することを示す証拠をまとめ上げている。

モーペルテュイも家が裕福で生活費を稼ぐ必要などなかったが、ボネよりもかなり刺激的な人生を送った。フランス・ブルターニュ地方のサン＝マロという町で生まれて家庭教師に学び、騎兵隊の将校となった。ほぼ名誉職だったため、有り余る時間で紳士階級の人たちと交わり、興味を持つ数学に没頭した。退役してパリに移ると、一七二三年にフランス科学アカデミーの会員となった。当時のフランスでは、アイザック・ニュートンの理論はイギリス人ごときの戯言（ざれごと）として疑いの目で見られていたが、モーペルテュイはそんなニュートンの説をいち早く支持した。科学的成果としてもっとも有名なのは、物理学と数学の研究である。一七三六年にはラップランドへのフランス遠征隊を率い、地球の外周の角度一度分に相当する距離を測定した。また、自然はもっとも手間のかからない選択肢を取るとする、最小作用の原理と呼ばれる概念を提唱した（光が直線上を進むのもその一例である）。ただし、その確実な土台となる数学を示すことはなかった。

そんなモーペルテュイは本物の兵士にもなった。一七四〇年、プロイセン王フリードリヒ二世からベルリンに招かれ、オーストリアとの戦争が勃発すると兵役に就いたのだ。一七四一年のモルヴィッツの戦いでオーストリア軍の捕虜となり、解放されるとしばらくベルリンに滞在してからパリに戻って、一七四二年にフランス科学アカデミーの会長に就任した。その二年後に再びフリードリヒ二世から引き抜かれ、一七四六年に王立プロイセン科学アカデミーの会長に就いた。しかし一七五六年に七年戦争が勃発してフランスとプロイセンが敵国どうしになると、モーペルテュイは厄介な立場に置かれてしまう。ベルリンではフランス人ゆえ「好ましからざる人物」とみなされ、フランスではフリードリヒ二世との関係ゆえ疑念を向けられたのだ。そこで南フランスに隠居し、さらにスイスのバーゼルに移ってその地で世を去るが、その激動のなかでも時間を見つけて、進化論に関する自らの説を詳述した著作『生身のヴィーナス』を書き上げ、一七四五年に出版した。

しかしその説は必ずしも明快には表現されていないし、偶然によって作られたグロテスクな生物のなかから選択がおこなわれるという考え方の影響を受けている。それでも自然選択についてははっきりと説明している。

> 偶然によって数えきれないほど多数の個体が作られた。そのうちの少数は、身体の各部分が必要性を満たすような形に作られていた。それ以外の無数の個体は適応もできずに秩序も欠いていて、すべて死に絶えた。口を持たない動物は生きられなかったし、生殖器官を持たない動物は子孫を残せなかった。[10]

古代ギリシャ時代から論じられていたことと何ら変わらなかったが、それでもモーペルテュイは、前成説によって覆い隠されていた遺伝の概念を明らかにする上で大きな貢献をした。胚は両親由来の物質が組み合わさることで形成され、その合体した胚から個体が成長することに気づいたのだ。とくに興味を持ったのが、指が余分に生える多指症(たししょう)である。前成説によれば、この異常は初めから造物主によって作られていて、時が来れば「巻物を広げられる」ようになっているとされていた。しかしモーペルテュイは、多指症は偶然によって生じ、いずれかの親からその後の世代に引き継がれることがあると論じた。両親どちらの特徴も子に引き継がれることがあるが、だとしたら、イヴにまでさかのぼるすべての世代がそれぞれの母親の体内であらかじめ作られていたなどということがはたしてありえるだろうか?

モーペルテュイは同業の学者に宛てた手紙のなかでこれらの考えをはっきりと示した（それは死後に著作集に収められて一七六八年に出版されることとなる）。ところがそこから誤った方向に論を進め、『生身のヴィーナス』のなかでは、親の身体の変化が親の作る「種（たね）」の構成物質に影響を与えるのではないかと論じた。そしてその変化が子に受け継がれると結論づけた上に、動物は外部からの影響に応じて自発的に新たな器官を作り出し、その器官が子孫に受け継がれるとまで説いている。そこまで極端ではないが同様の説が、次の世紀の初めにジャン＝バティスト・ラマルクによって編み出されることとなる。

『生身のヴィーナス』は、モーペルテュイと同時代のフランス人自由思想家ドニ・ディドロにも大きな影響を与えた。啓蒙運動の重要人物であるディドロは一七一三年にシャンパーニュ地方の町ラングルで生まれ、一七三四年に法学の勉強をあきらめて父親から縁を切られて以降、パリで作家として生計を立てていた。その日暮らしの自由奔放な気風のせいで官憲とたびたびいさかいを起こし、反体制的な著作によって六か月間（一七四九年七月から一二月まで）投獄されたこともあった。百科全書の執筆をライフワークとし、一巻ずつ出版しながら知識を授けることで、人々に自分の頭でものを考えさせようとした。ところが一七五一年に第一巻が出版されると、大衆への影響を恐れた当局によってただちに扇動的な書物との烙印を押され、一七五九年に正式に発禁となる。それでもディドロは苦労しながらひそかに執筆を続け、一七七二年にようやく全巻を書き上げた。そしてその翌年、エカチェリーナ二世に招かれてロシアを訪れ、五か月間滞在した。感銘を受けたエカチェリーナは、ディドロに手当として三〇〇〇ルーブル（ディドロが求めた額の二倍）と貴重な指輪を与えた。さらに一七八四年、ディドロが病に倒れたと聞きつけると、居心地の良い住まいに移れるよう手配した。その数週間後にディドロはその家で息を引き取った。
ディドロはけっして百科全書だけを書いていたのではないが、本書で唯一注目すべきは進化に関する彼の考えで、それは百科全書のなかの次の一文から読み取れる。「自然は、ときに気づかないほどの微妙な度合いで進歩する」。つまり、途方もなく多様な個体が生まれてそのなかから選択されるのではなく、ごく小さなステップで進化が進むと考えていたのだ。これは一八世紀後半にしては大きな一歩だった。ディドロはこのテーマについてさらに論を展開し、次のように述べている。

動物界や植物界で一つの個体が生まれ、成長し、成熟し、死んで姿を消すのと同じように、一つの生物種全体もそれと同様の段階を経るとは言えないだろうか？　もしも、動物は造物主の手によって現在のような形で作られたのだという教えを受けておらず、動物の誕生と死についてほぼ曖昧さなしに知ることが許されているとしたら、自身の推測に委ねられた哲学者なら以下のように考えていたかもしれない。悠久(ゆうきゅう)の昔から動物界では、物質の塊のなかにそれぞれ別個の要素が乱雑に散らばっていた。それらの要素は互いに結びつくことができたがゆえにやがて結合していったが、……その進歩と進歩のあいだには何百万年もの歳月が経過した。そしておそらくいまだに新たな進歩が起こっているが、それを我々はまだ知らない。……しかし宗教によって我々は、とりとめのない思考やかなりの苦労から解放されている。もしも世界の起源や存在の普遍体系に関する教えを受けていなかったら、自然の秘密を解き明かすためにどれだけたくさんの仮説を取り上げたいと思ったことだろうか？[11]

ディドロは無神論者であって、この文章には皮肉が込められている。カトリック教国だったフランスの当局がフランス革命までの数十年にわたってディドロのことを恐れていたのもうなずける。

しかしこの頃にはすでに、信心深い人たちのなかにすら、進化に関する真理をとらえはじめた者が何人かいた。そのなかの一人であるジェイムズ・バーネット、のちのモンボドー卿は、スコットランド北東岸のキンカーディンシャー州に立つ父親の邸宅、モンボドーハウスで一七一四年に生まれた。スコットランドのアバディーンやエディンバラ、およびオランダのフローニンヘンで学んで弁護士の資格を取得し、のちの一七六七年にはエディンバラの判事にまでなった。しかし哲学者でもあるバーネットはアリストテレスから強い影響を受け、とくに言語の起源に関心を持った。そしてそのテーマに関する考察のなかで、自らの強い宗教的信念に抗(あらが)って、いまで言う科学的洞察力を発揮する。宗教の足枷(あしかせ)を外さないと進化の完全な理論を構築するのがいかに難しいか、この顚末はそれをほぼ完璧に物語る実例といえる。

モンボドー（そう呼ばれることが多い）は世界中のさまざまな地域の言語を学び、そのなかには北ヨーロッパや中東だけでなくネイティブアメリカンやタヒチの言語もあった。そうして、言語は進化してきたという発想に至り、さらに人類はどこか一か所で出現して全世界に広がったのではないかと考えるようになった。史上初の科学的な人類単一起源説であるが、もちろんアダムとイヴの物語に完全に沿っている。しかしモンボドーはさらに思索を進めて、ヒトは霊長類と類縁であると考え、類人猿を我々の「兄弟」と呼ぶことすらあった。言語の起源に関するモンボドーの仮説では、発声器官が何世代もかけて変化してきたとされている。我々の兄弟である類人猿のものに近い何らかの原始的な形態の発声器官から出発して、環境により良く対処できるよう能力を適応させてきたというのだ。ウマを育てていたモンボドーは、選択的な交配によって生物種の形態が変化しうることに気づいていた。たとえば身体の大きいウマどうしを交配させていけば、次々に大きくて強い個体が生まれてくる。チャールズ・ダーウィンもこの人為選択を出発点にして議論を展開させることとなる。モンボドーはさらに、人類はまず道具を使いはじめ、それから社会構造を築き、最後に言語を編み出したとする、現生人類の発展に関する包括的なモデルも考えついた[12]。

ではモンボドーはどのようにして、これらの説と聖書の創世神話との折り合いをつけたのだろうか？　創世神話は寓話であって文字どおりに受け止めるべきでないという考えには完全に共感していたが、その一方で、この宇宙は実際に神によって作られたという考えも受け入れていた。そこで苦肉の策として、一七七〇年代に複数巻の著作『言語の起源と発展について』のなかで、人類は類人猿の子孫ではあるが、その類人猿は人間とともに、動物界のそれ以外の部分とは別の被造物として一つにまとめることができると論じた。

モンボドーの説がその後の世代に大きな影響をおよぼすことはなかったが、エラズマス・ダーウィンなど進化について思索した人たちには知られた存在だった。さらにもっと幅広い層にも名が知られていて、たとえばチャールズ・ディケンズの小説『マーティン・チャズルウィット』には、「人類がかつてサルだった可能性を論じたモンボドーの学説」という記述がある。この小説が出版されたのは一八四三年、『種の起源』の出版の一六年前でモンボドーの死の四四年後のことである。

地球の年齢を数える

一八世紀後半の進化をめぐる考え方の発展には混乱が見られる。たとえば、モンボドーと同時代のジョルジュ＝ルイ・ルクレール（ビュフォン伯爵）は、地球の年齢を初めて科学的に推定して、生物界では神と関係なしに進化が起こっていることを見抜いた。しかし人間と類人猿が共通の系統に属するという説を受け入れることができず、この問題についてモンボドーと手紙を通じて議論を交わしている。もしも二人の考え方が組み合わさっていたら、一八世紀のうちに少なくとも小さな前進くらいはあったのかもしれない。

フックの考えが無視されていただけに、地球の起源と生命の進化に関する真に科学的な探究はビュフォンの主張によってその端緒が開かれ、その探究がチャールズ・ダーウィンやそののちの人々へと途切れなく続くことになるが、その道筋から間違った方向へ脱線することもたびたびあった。ビュフォンは一七〇七年にジョルジュ＝ルイ・ルクレールという名で生を享(う)けたが、本書では混乱を避けるために一貫してビュフォンと呼ぶことにする。ビュフォンはフランス東部のディジョンに近いモンバールという町で生まれ、父親は塩税を徴収する役人だった。ジョルジュという名前は故(ゆえ)あって付けられた。母方のおじで税の取り立て請負人であるジョルジュ・ブレゾはルクレール家よりはるかに裕福だったが、子供がいなかったため、代わりにビュフォンの名付け親となったのだ。一七四七年にそのおじが他界してビュフォンは莫大な遺産を相続したが、幼かったためその遺産は両親が管理することになった。するとビュフォンの父バンジャマン・フランソワ・ルクレールはその役割を好き勝手に解釈して、ビュフォン村全体を含む広大な土地を購入し、一家でディジョンに移り住んで市議会議員になった。ビュフォンはディジョンにあるイエズス会の学校に入学して法学を学んだのち、フランス西部のアンジェに移って数学、植物学、医学を学びはじめた。併せて天文学も勉強したらしい。ところがそのアンジェで、ヨーロッパ大陸巡遊旅行中の若きイギリス人貴族キングストン公爵と出会い、一七三〇年に勉強をなげうってキングストンに同行しはじめた。その旅行中、友人の肩書きに見劣りしないようにと、自分の名前に「ド・ビュフォン」と付け足した。キングストンの旅はもちろん豪勢で、召使いや馬車を引き連れ、立派な宿に宿泊した。その暮らしぶりにいともたやすく馴染んだビュフォンは、まもなくして同様の生活を送る手段を手に入れる。

一七三一年八月に母親が世を去ると、翌年の一二月に父親が再婚して一家の資産を独り占めしようともくろんだ。しかし法廷闘争の末にビュフォンが相続権を確保し、ビュフォン村と、キングストン公爵にはおよばないもののかなりの資産を手にした。そして当てつけで自分の名前から父方の姓「ルクレール」を外して、ジョルジュ＝ルイ・ド・ビュフォンと名乗りはじめ、貴族ぶって「ビュフォン」とだけサインするようになった。そうして一七三二年八月にパリに腰を落ち着け、死ぬまで有閑階級として暮らせる立場になった。しかし実際には、ヴォルテールなど知識人と交わったり、科学の研究をおこなったり、ブルゴーニュ地方に所有する地所を将来を見越して積極的に管理したりした。世を去るまでに膨大な科学的成果を残せたのは、生まれつきの無精な性格を克服するために仕事のスケジュールをきっちりと決めていたのも一因である。使用人を雇って朝五時に起こしてもらい、必要であればベッドから自分を引きずり出すよう命じていた。

起床するとすぐに仕事を始め、午前九時に手を止めて朝食を取り（ワイン二杯とロールパン一個）、そこから午後二時まで働いた。午後は昼食を取ったり訪問客と歓談したりするために時間を空けておき、その後に仮眠と長い散歩をして、午後五時から七時まで再び仕事をし、夕食を取らずに午後九時に就寝した。

ビュフォンが最初に名を上げたのは数学、とくに確率論においてで、現在「ビュフォンの針」と呼ばれている問題は彼にちなんで名付けられている。* 一七三四年には、海軍力を木造船に頼っていた当時きわめて重要だった木材の構造的性質の研究が認められて、フランス科学アカデミーの会員となった。一七三九年六月にはわずか三二歳で同アカデミーの協会会員に昇格した。その一か月後、フランス王立植物園の管理者が急死すると、その後継者にふさわしい地位（およびコネ）を持っている人物としてビュフォンに白羽の矢が立った。何よりも、給料を払う必要がないことが大きかった。植物園はほぼ破産状態にあり、ビュフォンを含め何人かからの資金提供に頼って事業を継続していたのだ。思いがけずもビュフォンは素晴らしい働きをして、それから四一年間にわたって管理者を務めた。植物園を一大研究拠点に変え、敷地を拡張し、世界中のさまざまな地域から動植物の標本を取り寄せた。

ビュフォンの代表作といえるのが、自然界の歴史を網羅しようとした全四四巻の大著『博物誌』で、これは一七四九年から一八〇四年にわたって出版され、最後の八つの巻は死後に刊行さ

＊すべて同じ幅の板を平行に敷いた床に、ある長さの針を一本落としたとき、その針が床板の継ぎ目に乗る確率は、という問題。

れた（ちなみにビュフォンはディドロの『百科全書』にも寄稿している）。この本はきわめて幅広いテーマを扱うだけでなく、一般の読者に向けて明快な文体で書かれていたため、ベストセラーになって大きな影響をおよぼし、ヨーロッパの全教養人の必読書とされた。その秀でた筆力を買われたビュフォンは、一七五三年に学術団体アカデミー・フランセーズの会員に選ばれた。その前年に結婚したが、一七六九年に妻に先立たれた。その五年前に生まれた息子は父親と違って浪費家で、控えめに言って父親譲りの知性も備えておらず、一七八九年のフランス革命後の恐怖政治により犠牲になった。ビュフォン自身は一七八八年に世を去ったためその激動に巻き込まれずに済んだが、生前の一七七二年には伯爵の称号を得て、それまで勝手に使っていた「ビュフォン」という尊称がようやく認められたのだった。

一七四九年に出版された『博物誌』の最初の三巻でビュフォンは、聖書の物語には口先ですら触れることなしに、地球の起源に関する自らの説のあらましを示して地球の年齢の推定値を導き出した。そこではアイザック・ニュートンが提唱した、太陽に彗星が衝突してえぐり取られた物質から地球が作られたとする説が取り上げられている。当時、太陽は赤熱（せきねつ）した高温の鉄球であると考えられており、ニュートンは『プリンキピア』のなかで、地球サイズの赤熱した鉄球が現在の温度に冷えるまでに少なくとも五万年はかかると論じていた。一六五〇年にジェイムズ・アッシャー大主教が聖書年代学に基づいて地球の年齢を計算し、天地創造は紀元前四〇〇四年に起こったと公表していたが、ニュートンは大胆にもそれを大幅に上回る概算値を示したことになる。ただし当時はあまり大きな反響はなかったようだ。ニュートン自身は赤熱した鉄球が冷えるスピードを精確に測定しようとはせず、「その真のスピードが実験によって調べられればありがたい」とだけ述べている。その挑戦をビュフォンが受けて立ったのだ。

ビュフォンはさまざまな大きさの鉄球を用意して融点まで加熱し、冷えきるまでの時間を測定した。当時は精確な温度計がなかったため、繊細な手を持つ上流階級の女性たちに実験を手伝ってもらった。彼女たちに最高級の絹の手袋を付けさせ、どの時点で十分に冷えて、やけどをせずに手で持てるようになったかを判断させた。結果は予想どおり、大きい鉄球ほど冷えるのに長い時間がかかった。ビュフォンはその測定結果から地球サイズの鉄球の冷却スピードを推定した上で、地球がそれと同じ温度まで冷えるのに七万五〇〇〇年かかったはずだと算出した。そしてこの推定値を『博物誌』に記載したが、実際の地球の年齢がそれよりもさらに大きいことには気づいていて、一般の読者に合わせて次のように記している。


冷却中の二つの時点を見極めることを目的とした。一つめは鉄球がもはや焼けつかなくなった瞬間、つまり触れることができて、片手で一秒間握ってもやけどをしない時点である。二つめは鉄球が室温（水の凝固点の一〇度上）まで冷めた時点である。鉄球が室温に達した時点を見極めるには、同じ直径の砲弾を用意してそれは加熱せず、加熱した鉄球と同時に触れられるようにして比較した。この二つの鉄球を片手または両手で同時に瞬間的に触れることで、両方の鉄球が同じ冷たさになった時点を判断することができた。……

ここでニュートンと同様、地球と同じ大きさの鉄球が冷えきるのに必要な時間を推定してみたところ、上記の実験結果より、地球が現在の温度まで冷えるのにかかる時間としてニュートンが推定した五万年でなく、焼けつかない温度まで冷えるのに四万二九六四年と二二一日かかり、室温まで下がるのに九万六六七〇年と一三二日かかることが分かった。……
あらゆる現象から推察されるとおり、地球がかつて火によって液体になっていたと仮定すると、私の実験から、もしも地球が鉄または含鉄物質だけからできていたとして、中心核に至るまで固化するのにわずか四〇二六年、触れても指がやけどしない温度まで冷えるのにわずか四万六九九一年、室温まで冷えるのにわずか一〇万六九九六年しかかからないことが証明された。しかし誰もが知っているとおり、地球は含鉄物質よりも速く冷えるガラス質の物質や石灰岩でできていると思われるので、できる限り真実に近づけるには、私の二本目の論文でおこなった実験により測定したさまざまな物質の冷却時間を考慮して、鉄の冷却時間との比を推定する必要がある。ガラス、砂岩、硬質石灰岩、大理石、および含鉄物質の値のみを用いると、地球が中心に至るまで固化するのにおよそ二九〇五年、触れられるまで冷えるのにおよそ三万三九一一年、室温まで冷えるのにおよそ七万四〇四七年かかることが分かる。

ビュフォンが書いたもとの原稿には、地表の岩石を形作る堆積物が堆積するには計り知れない歳月がかかったはずなので、地球の実際の年齢は三〇〇〇万年にもおよぶかもしれないと記されている。しかし信じられないという反応が返ってくるのが分かっていたからなのか、印刷された本にはこの数値は掲載されなかった。地殻が毛布のように作用して内部の熱を閉じ込めることが考慮されていないなどさまざまな理由によって、この推定値ですら実際の年齢よりもはるかに小さかったが、それでも地球の年齢を科学的に計算しようという初の試みではあった。一九世紀初めに同じくフランス人のジョゼフ・フーリエが、ビュフォンによるこの推定値を改良した。フーリエは高温の物体から低温の物体へ熱が流れる様子を記述する方程式を編み出して、地殻の断熱効果を考慮するなどいくつか改良を施した。そして一八二〇年にその手法の詳細を発表したが、計算結果の数値自体は、有能な数学者なら誰でもこの方法に従って導き出せるはずだとして記載しなかった。その値は一億年である。フーリエもビュフォンと同じく、自分でその値をはじき出していたはずなのに、そんな途方もない数値を発表して反発を買うリスクを冒したくはなかったのだろう。

しかしフーリエの推定値ですら、それ以前のとあるフランス人思索家が推測した地球の年齢の最小値よりもはるかに小さかった。その研究は見過ごされることが多い。

その人、フランス人貴族で外交官のブノワ・ド・マイエ（一六五六－一七三八）は、一六九二年から一七〇八年まで駐カイロ総領事を務め、その地を含めいくつかの海外赴任地で自然界について研究して、生命の起源と進化に関する独自の結論に達した。そして何年もの歳月と幾度もの草稿を重ねて自らの考えを書物にまとめ、その著作は本人の死から一〇年後にようやく出版されたが、その際に理解のない編集者によって大幅に手が加えられてしまった。とはいえおおもとの原稿の大部分が残されていたおかげで、現代の歴史家によってド・マイエ自身の考え方はおおむね再現されている。その本はインドの謎の賢人テリアメド（Telliamed、「ド・マイエ（de Maillet）」の綴りをひっくり返した名前）の哲学を記したものとして、最初は匿名で出版された。人魚を実際に目撃した存在として解説しているなど、奇妙で無意味な記述が満載の本だが、そこには貴重な科学的洞察も込められている。

ド・マイエもフックやステノと同じく、高山でも化石が見つかることから、その岩石は水中で形成されたに違いないと考えた。しかしフックと違って、固い岩石が長い歳月をかけて隆起することなどありえないと考え、地球はかつて完全に海に覆われていて、その海が徐々に後退したのだと推測した。それでもそのプロセスに膨大な歳月を要することは見抜いて、それをもとに生命の進化について論じた。そしてインドの架空の賢人テリアメドことド・マイエは、地球の年齢を数十億年と推定した。およそ一〇〇年後にフーリエが計算する値の一〇倍である。

ド・マイエいわく、宇宙から海に胞子が撒き散らされ、水浸しの世界から最初に島となって顔を出した山頂の周囲の浅い海でひとりでに生命が誕生した。水が引くにつれて生命は上陸し、海藻が高木や灌木(かんぼく)に、トビウオが鳥に、そして魚が(長い歳月をかけて)人間に進化した。

ここで鍵となるのが「長い歳月をかけて」という言葉である。ド・マイエは、各地層にそれぞれ異なる種類の動植物の化石が含まれていて、そのなかには今日の地球上に見られない生物が多くあることに気づいた。ただし、ある種類の生物が別の生物に置き換わるプロセスについては辻褄の合わない論を展開しているが、それも無理からぬことで深く追及する必要はない。それでも、今日で言うところの進化が起こったに違いないことや、おそらく草稿に記していたとおり、魚が人間へと変化するにはきわめて長い歳月が必要なこと、そして生命が環境変化に応じて変化することは確かに見抜いていた。

この本はド・マイエがおそらく予期していたとおりの猛烈な反発を浴びた。フランス人博物学者のドゥザリエ・ダルジャンヴィルは一七五七年の著書『自然史』のなかで、「海の底から人間を引きずり出し、人間がアダムの子孫であることを恐れて海の怪物を我々の祖先にしてしまった」蛮行に対して怒りをあらわにしている。ヴォルテールも同じく腹を立て、ド・マイエを「神のまねをして言葉で世界を作ろうとする香具師」とこき下ろしている。これが書かれたのは一七七二年のことで、このときビュフォンはすでに、神を引き合いに出さずに地球上の生命の進化に関する考察をかなり進めていた。

ビュフォンは『テリアメド』に示されたような長い歳月こそ思い描いていなかったものの、地球上の諸条件の時間変化とともに生命がどのように進化してきたかを説明する上で、ド・マイエよりもはるかに優れた考察を進めた。初期の地球が水に覆われていたという点はド・マイエと同じだったが、ビュフォンの説では、その水は地表が冷えるとともに雨として降ってきたもので、それが徐々に乾いていったとされている。ちなみにこの説によれば、地球自体も永久不変ではなく、歳月とともに「進化」してきたことになる。初期の生命がすでに絶滅していることは化石記録から分かっていた。しかしビュフォンは、地球が徐々に冷えていったというこの説に基づいて、地球上の生命がどのようにして姿を変えてきたかを説明しようとした。

当時すでに、高緯度地方でマンモスなど大型動物の化石が発見されていた。マンモスはゾウにかなり似ているが、今日ではゾウはもっと暖かい地方でしか見られない。そこでビュフォンは、かつて地球が温暖だった頃にはゾウに似た動物はもっと北方でも生きられていたが、地球が冷えるとそれにつれて赤道に向かって移動していったのだと推論した。しかし現代のゾウが北方の化石種と完全に同じではないことに気づき、数多くの生物種どうしの関係性（ここでは話を単純にするために一例しか挙げなかった）を調べることで、動物種が歳月とともにどのように変化してきたかを探ろうとした。優れた科学者なら新たな証拠を突きつけられると考え方を変えるもので、ビュフォンの考えも年月とともに変化していった。そのため科学に暗い歴史家は、進化に関するビュフォンの「本当の考え」を明らかにしようとしてはたびたび頭を抱えてきた。しかしビュフォンが相矛盾する考えを同時に抱いたことはなく、知見が増えるとともにそれに合わせて考え方を変えていったのだということが分かってしまえば、彼の基本的な考え方はかなり明瞭になってくる。

ビュフォンの考えはいくつかの点でリンネと食い違っていた。とくに、種を属にまとめられるというリンネの分類法は人間の想像にすぎず、パターンを見つけたいという欲求の産物であると考えていた。また初めのうちは、人間と類人猿が近縁であるという考え方を断固として受け入れなかった。しかしそれもこれも、ビュフォンが生物種をリンネよりもさらに極端な形でとらえていたことによる。一七四〇年代末には、生物種は歳月とともに変化しない一定の存在であると述べている。このように生物種が一定の形で維持されるという考えに至ったのは、繁殖には二つの親が関わると認識したためだった。ビュフォンは、両親由来の物質が混じり合って胚が形成され、それが各生物種に固有のパターン（「内的な雛形（ひながた）」）に従って成長するのだと論じている。その謎めいた「雛形」がどんなものであって、それがどのように作用するかは説明しようがなかったが、その雛形によって各世代は親と同じ姿形になり、それゆえ生物種は変化しないのだと説明している。一七五三年には『博物誌』第四巻のなかで、生物種が進化するという説への反論のようにも受け取れる主張を示している。

植物や動物には科という分類が存在していて、ロバはウマと同じ科に属し、ロバとウマの違いは共通の祖先からの退化によって生じたにすぎないという考えをひとたび認めると、類人猿も人間と同じ科に属し、類人猿は退化した人間にほかならず、類人猿と人間は共通の祖先を持っていて、さらにロバやウマの祖先とも共通であると認めざるをえなくなるだろう。さらに、動物と植物を含めすべての科はたった一つの祖先から生まれ、何世代も重ねた末に一部の子孫が高等になって、それ以外の子孫が下等になったのだと結論づけられるだろう。

ここで鍵となるのが「ひとたび認めると」というフレーズで、ディドロによる「もしも……という教えを受けておらず」という言葉と同じ役割を果たしているように思える。あたかもビュフォンは背理法を用いて、このようなばかげた説が真実であるはずはないと言っているかのようだ。しかし実はこれは、自分がすでに進化の考えを受け入れていることをはぐらかすための表現だったのではないかとも疑いたくなってくる。

確かに一七五〇年代から六〇年代にかけてビュフォンは、ウマとロバなど近縁の生物種について調べた上で、これらは共通の祖先から進化したという考えを受け入れ、一七五三年には実際に気持ちが傾いたその考えを論文で発表する気になったらしい。しかしその一方で、生物種は不変であるという以前の考えにもこだわって、新たな考えとの折り合いをつけるために、リンネの言う属（現在の科）を、それぞれ固有の内的な雛形によって規定される真の生物種であるとして扱った。たとえば、ネコのおもとの祖先がさまざまな形態に分かれてライオンやトラやイエネコなどになったのだから、それらは別個の種でなく変種とみなすべきだというのだ。ビュフォンはさらに、その変化は食料や環境の変化に応じて起こったのであって、これらの変種（我々の言う種）は世界の各地に移動したことで分岐したのだろうと提唱した。しかしながら、すべての生命が一つの共通祖先から進化したとか、人間が魚から進化したなどとはいっさい論じていない。以前にあのように書いておきながらも、人間と類人猿の祖先が共通であるなどという考えはどうしても受け入れられなかったのだ。各種生物の内的な雛形については、それは地球がある時点まで冷えたときに「有機粒子」からひとりでにできあがったもので、我々人間の雛形はほかの動物とは違うと論じている。

しかしその雛形によって最初から「完璧な」生物種が作られたわけではない。ビュフォンは身体に改良の余地のある一例として、ブタの「設計」について挙げている。

ブタはほかの何種かの動物を組み合わせたものであって、特別で完璧な独自の計画に基づいて作られたのではないように思われる。完璧なつくりをしているのにいっさい役に立っていないつま先の骨など、明らかに無用な部位、つまりいっさい使いようのない部位を持っている。自然はこれらの生物が作られた目的因にはけっして従っていないのだ。

「神」でなく「自然」と呼んでいることに注目してほしい。

ビュフォンは一七七八年の著書『自然の諸時代』のなかで、このプロセスは段階的に起こり、地球が冷えるにつれて有機粒子から波のように次々と新たな種類の生命が誕生したと論じている。*この考え方自体は間違っていたが、そこから読み取れるとおりビュフォンは、地球は宇宙のなかでも特別な場所であって、人間は神によって作られたとする考え方を否定していた。当時知られていた太陽系のすべての惑星で同じプロセスが起こり、惑星が冷えるにつれてどの惑星上でも同じ形態の生命が誕生した（あるいはこれから誕生する）はずだと信じていたのだ。

当然ながらビュフォンの著作の数々はキリスト教指導部の怒りを買い、ソルボンヌの神学者団体から一度ならず頭ごなしに批判を受けた。それに対するビュフォンの対応はいつも同じだった。謝罪した上で、問題視された箇所を文書で撤回し、のちの版にその旨を記載することを約束したのだ。ところがそのたびに約束を破って、撤回もせずに出版を続けた。一七八五年にはある友人に宛てて次のように書いている。「やつらの望みをすっかり叶えてやるなんていともたやすい。口先だけの謝罪だったが、人間というのはそれで満足してしまうくらい愚かなものだ[14]」

一七八八年にビュフォンが世を去った頃、イングランドで進化について思考をめぐらす、ダーウィンという苗字の一人の思索家が一連の著作を出版しはじめようとしていた。そして、少なくともすべての動物は共通の祖先から進化して、そのプロセスには何億年もかかったという説を構築することとなる。彼がこの大胆な一歩を踏み出せたのは、ビュフォンが世を去った年にジェイムズ・ハットン著『地球の理論』が出版されて、地球はきわめて古いことを示す確かな証拠を突きつけられたからだった。このハットンの著作とその後継者たちの研究のおかげで、この一八世紀のダーウィンの孫が、本人いわく「時の賜物（たまもの）」を授かる。時の賜物とは、自然選択による進化が、ときに気づかないほど微妙な度合いで進行するのに十分な長さの歳月のことである。これはきわめて重要な意味合いを帯びているので、ここでしばし生物の進化の話から離れて、それ相応の紙幅を割かなければならない。

＊この本は、創世記に記されている天地創造の七日間を茶化して七つの「時代」に分かれた構成になっている。

第3章　時の賜物

地球史の解明にきわめて重要な役割を果たしたジェイムズ・ハットンは、「地質学の父」と呼ばれている。だがもしこの呼び名が正しいとしたら、ロバート・フックのことは「地質学の祖父」と呼ばなければならない。というのも、フックによる「地震」の研究からハットンの説へとつながるはっきりとした一本の道筋をたどれるからだ。その道筋はエレン・タン・ドレイクが著書『Restless Genius（気ぜわしい天才）』のなかで明らかにしてくれている。

ドレイクがはっきりと示しているとおり、地球の起源と進化に関するフックの説は一八世紀には広く知られていた。むしろ今日よりももっと知られていたくらいだ。この物語に関わった人物のなかでもとくに興味深いのが、ドイツ人のルドルフ・エーリヒ・ラスペ（一七三六－九四）である。いまでは『ほらふき男爵の冒険』の著者として有名だが、当時はいまで言うところの地質学者として知られていて、一七六九年に王立協会の正会員に選出されたほどの重要な学者だった。

正会員選出の理由となった「水陸からなる地球の自然史」に関する論文をラスペ本人は、「山と石化した生物の遺骸の由来に関するフックの説をさらに裏付けるもの」としている。彼はまた、玄武岩が固化した溶岩から形成されていることを初めて明らかにした人物の一人でもある。ラスペは機会があるたびに自説（つまりフックの説）を売り込んだ。何人かの博物学者によるヨーロッパ遠征の記録を王立協会のために翻訳した際には、そこに地震や火山に関するフックの説を盛り込んだ上に、小説と同じくその大部分を自分の功績にしてしまった。

一八世紀半ばに出版されたもう一つの重要な書物が、『太古から現代までの地震の歴史と原理、この論題に関する最高の著述家たちの著作集』である。一七五七年に匿名で出版されたが、編者はほぼ間違いなく、一七三二年にかに星雲を発見したイギリス人天文学者のジョン・ベヴィス（一六九五－一七七一）である。出版に至ったきっかけは、リスボンの町を破壊して数万の命を奪った一七五五年の大地震以降、地震に関する懸念が広がっていたことだった。この本の三分の一弱（三三四ページ中一〇六ページ）はフックの文章をもとにしていて、扉にもフックの言葉が引用されている。

これらの書物はいずれも重要な役割を果たした。ハットンの研究を世に広めたジョン・プレイフェアは、「ハットンはほぼあらゆる旅行記を丹念に読んで、そこから地球の自然史に関するあらゆる事柄を知ろうとした」と述べている。そのなかにはラスペによる翻訳文も含まれていただろうし、ハットン三一歳のときに出版されたベヴィスの本を彼が読み損ねていたとも思えない。しかし理由は分からないが、ハットン自身の文章のなかにフックの名前は一度も登場しない。

ハットンは一七二六年六月三日*にスコットランドのエディンバラで生まれた。父ウィリアムは

*イギリスでは一七五二年まで古い暦が使われていた。現代の暦では六月一四日となる。

有力な商人で市の出納方も務め、ベリックシャー州に農場を二つ所有していた。その父を幼いうちに亡くしたジェイムズは母親に育てられ、弁護士を目指すよう促された。しかし弁護士のジョージ・チャルマーズに弟子入りしてみて、自分には法学は合わないと気づかされる。もっとずっと興味があったのが化学で、一八歳のときにある医師の助手となってエディンバラ大学の医学の講義に出席するようになった。医者になるつもりはなかったが、もっとも近場で化学を学べるのがこの大学だったからだ。さらにパリ大学やライデン大学でも学び、一七四九年にライデン大学で医学博士号を取得したものの、相続した農場を最高の科学的方法で発展させることに集中しようと心に決めた。そこでイースト・アングリアやネーデルラント〔現在のベルギー・オランダ・ルクセンブルク〕を回って最新の技術を学んだのち、一七五〇年代に自身の農場に腰を落ち着けて、学んだことを実践しはじめた。相続した土地が条件が悪くて岩だらけだったこともあり、根っから好奇心の強いハットンは農場の改良を進めるなかで地質学や気象学への興味を掻き立てられた。しかし化学にも興味があったおかげで、単に地質学を生かじりする農場経営者に甘んじることはなかった。

以前にハットンは、友人で同じく化学者のジョン・デイヴィーとともに、煤から塩化アンモニウムを製造する方法を開発していた。この化学物質は染色や印刷や芳香剤などさまざまな重要な用途に使われていたが、それまでは天然の鉱石から入手するしかなく、中東から莫大な費用をかけて輸入していた。デイヴィーはこの製法を実用的な工業プロセスに発展させ、ハットンとともに利益を上げた。またハットンはいまだ農場を拠点としていた一七六四年に、一九世紀最大の物理学者ジェイムズ・クラーク・マクスウェルの先祖であるジョージ・マクスウェル＝クラークを連れて、スコットランド北部の地質調査旅行をおこなった。そして一七六八年、塩化アンモニウムの製法による利益が入ってきたことで、農場を賃貸に出し、エディンバラに移って科学に身を捧げはじめた。科学的な農業への関心は持ちつづけながらも、四二歳のときには事実上専業で科学研究をおこなってスコットランド啓蒙を代表する人物となり、哲学者のデイヴィッド・ヒュームや経済学者のアダム・スミス、化学者のジョーゼフ・ブラックなどと交友関係を築いて、一七八三年にはエディンバラ王立協会の創設者にも名を連ねた。彼らほど知名度は高くないが数学者のジョン・プレイフェア（一七四八－一八一九）もハットンと親しくし、のちにハットンの研究成果がしかるべき評価を得られるよう力を尽くすこととなる。

　地球に関するハットンの数々の考えは、スコットランドなどいくつかの地域を旅してじかに観察した地質学的特徴（およびもちろん膨大な書物）をもとに導き出された。そのなかでももっとも劇的な結論が、地球の年齢は聖書学者の言う数千歳どころか、そもそもその歴史が有限であることを示す証拠すらいっさい存在しないというものだった。一七八八年にハットンは、「始まりの痕跡も終わりの可能性も存在しない」と結論づけたのだ。要するに、地球はこれまでずっと現在とほぼ同じ状態で存在しつづけてきたし、この先もこの状態で存在しつづけるということである。これは、のちに斉一説（せいいつせつ）と呼ばれるようになる考え方のなかでももっとも極端なものである。斉一説とは、地球上に今日見られるすべての特徴を生み出した自然のプロセスは現在も作用していて、永遠の未来まで同じ形で作用しつづけるという考え方で、地球を揺るがす何らかの大異変によってすべての特徴が一度に生まれたとする考え方とは対極をなしている。

　ハットンは長い年月をかけてこのような考えに至ったものの、それを急いで広めようとはしなかった。ジョン・プレイフェアによると、「真理を発見して称賛を受けることよりも、真理についてじっと思索することのほうをはるかに喜びとする人物」だったからだという。[15] ハットンの論文『地球の理論』はエディンバラ王立協会で一七八五年三月と四月（ハットン五九歳の誕生日の直前）の二回に分けて発表され、追記や修正をした上で一七九五年に書物にまとめられた。その本にはハットン自身の科学論文や論説からの資料も収められていて、自説の出発点となったのが一七八五年七月四日に同協会で発表した『地球の体系およびその存続期間と安定性に関して』という論文であることがよく分かる。そのなかに次のような一節がある。

現在の陸地の固い部分はおおむね、海で形成された物質や、海岸で見つかるものに似た物質から構成されているように思われる。したがって論理的に以下のように結論づけられる。

第一に、我々が立っている陸地は最初に形成されたままの単純なものではなく、二次的原因が作用することで形成された複合的なものである。

第二に、現在の陸地が形成される以前にも、海と陸地からなる世界が存続していて、潮汐や海流が現在と同じく海底に作用していた。

最後に、現在の陸地が海底で形成されつつあった頃から、かつての陸地は植物や動物を養っていたし、少なくとも当時の海には現在と似たような形で動物が暮らしていた。

したがって以下のように結論づけられる。現在の陸地のすべてではないが大部分は地球の自然な作用によって形成されたが、その陸地が水の作用に持ちこたえて永続するものになるには、以下の二つの事柄が必要であった。

第一に、まとまりのないばらばらな物質が集まって固化すること。

第二に、その固化した塊が、それが形成された海底から海面上の現在存在する場所へ持ち上げられること。*

具体的にイメージすると、陸地が侵食によって削り取られ、その物質が海底に積もって堆積物の層を作り、それがその上の物質の重さによって岩石に変わり、それが隆起して新たな陸地になる。そしてこの地質学的プロセスが果てしなく繰り返されるということである。神はこの世界を永久に人間が住めるよう作ったとハットンは信じていたため、その信念と辻褄を合わせるには、このプロセスが永久機関のように際限なく繰り返されるとするしかなかった。花崗岩（かこうがん）の層がほかの地層を貫いていて、溶岩が隙間に流れ込んで固化したことを示しているような場所を何か所か見つけていて、堆積作用だけではすべてを説明できないことには気づいていた。それでもハットンは、水平に形成された平行な地層が斜めに、ときには垂直に傾いて現在の場所まで隆起した、不整合と呼ばれる地質学的特徴について研究することで、自説を裏付ける証拠を得た。そのような垂直な地層のなかには波の痕が残っているものがあり、水中で水平に形成されたことは明らかだった。そのように固い地層を隆起させて変形させるのに必要なエネルギー源を、ハットンは地球内部から流れ出す熱の作用によって説明した。

*フックによる次の言葉と比べてみてほしい。「かつて海だった地域の一部がいまでは陸に、かつて陸だった地域の一部がいまでは海になっている。山の多くはかつて谷だったし、谷は山だった」

当時、ハットンのこの説とは対照的に、たった一度の大洪水から水が引いて陸地が出現したとする説のほうが広く支持されていた。それを水成説（すいせいせつ）という。ハットンの説は火成説（かせいせつ）と呼ばれたが、二〇〇〇ページを超す難解な文体の本のなかで提唱されたこともあって、当初は思ったほどの評価を得られなかった。それでもそのなかには、ハットンが地球だけでなく地球上の生命についても考察していたことを物語る部分が随所に見られる。

……生物がその生存と増殖にとって最適な状態や環境に置かれていない場合、一つの生物種の各個体に限りない多様性があることを考えると、一方で最適な構成からもっとも外れた個体はもっとも死ぬ可能性が高く、他方で現在の環境にとって最適な構成にもっとも近い生物は今後ももっとも適応しつづけて、自らを維持し、自らの系統に属する個体を増やしつづけると確信せざるをえない。

ここで注意すべきが、ハットンは種の起源について述べているのではなく、すでに存在する生物種の各変種が環境にどのように適応するかを論じていることである。この発想は農場で動植物の品種改良（人為選択）をおこなっていた経験からたどり着いたものだが、ハットンは自然界でも慈悲深い神の業（わざ）によってそれと同様のメカニズムが起こると考えていた。

ハットンは一七九七年に世を去ったが、その後もジョン・プレイフェアが彼の考えを広めつづけ、一八〇二年、ハットンの研究に対する水成説論者の批判に反論する意味も込めて著書『ハットンによる地球の理論の解説』を出版した。この本はハットン本人の文章よりもはるかに読みやすく、はるかに幅広い読者に届いた。こうして斉一説はプレイフェアによって初めて幅広い層に伝わったが、それに確実な科学的根拠を与えてチャールズ・ダーウィンに「時の賜物」を与えた人物は、この本の出版当時まだ五歳にもなっていなかった。

化石は地層を語る

その頃にはすでに、測量士で運河建設技師のウィリアム・スミスによって地質学の基礎が築かれていた。スミスは一七六九年にオックスフォードシャー州のチャーチルという村で生まれ、一七九〇年代にサマセットシャー石炭運河会社で鉱山の調査などの仕事をしていた。そして採掘によって露出する地層に興味を抱き、地層が規則的なパターンで並んでいるだけでなく、含んでいる岩石の種類によってそれぞれの地層を特定できることに気づいた。新しい地層よりも古い地層のほうが下にあって、運河を掘削（くっさく）すると必ず同じパターンの地層が現れるだけでなく、傾いた地層が侵食によって削り取られているせいで、古い岩石が地表に現れている地点から少し離れた場所には新しい岩石が顔を出していた。一七九九年にスミスはイングランド南西部のバス周辺の地質図を作成し、それから一五年のあいだに独自の研究と測量士としてのさまざまな仕事を通じてイングランドとウェールズの地質に関する知見を集めていった。そうして一八一五年、グレートブリテン島初の地質図（スコットランドの一部にまでおよぶ）を発表した。これほど広大な地域をカバーした詳細な地質図は世界でも初で、科学に大きな影響を与えた。[16]しかし残念ながら、バス石の採石場への投資を含め事業が不調で、一八一九年にはロンドンの債務者刑務所に短期間服役した。釈放されてからしばらくは臨時雇いの測量士をして食いつないでいたが、一八二四年にヨークシャー州にあるジョン・ジョンストン卿の邸宅の地所管理人に抜擢された。一八三一年にはロンドン地質学会から当学会最高の栄誉である第一回のウォラストン・メダルを授与され、一八三五年にはダブリン大学トリニティーカレッジから名誉学位を授かった。そして一八三九年に世を去った。

スミスの地質図に科学界がすぐさま熱狂することはなかったが、その発表前から地質学の先駆者のあいだでは、化石で地層を特定するというスミスのアイデアは知られていた。そのような地質学者の一人が、一七八四年生まれで一八一三年にオックスフォード大学の鉱物学助教授となった（一八一八年に地質学助教授へと移った）ウィリアム・バックランドである。そのバックランドが一八一七年夏に助教授の立場でおこなった講義を聴いて奮い立ったのが、ちょうど地質学に興味を持ちはじめたばかりの若者、チャールズ・ライエルである。父親は息子チャールズにこの大学で古典を学ばせて弁護士にするつもりだったため、この心変わりにはたいそう腹を立てていた。

ライエルの父で息子と同名のチャールズは若い頃に弁護士の資格を得たが、二六歳のときにスコットランドの土地とアンガス州キノーディーの大邸宅を相続したため、実際に弁護士として働く必要はなかった。父親を亡くした一七九六年に結婚し、ハットンが世を去った年と同じ一七九七年一一月一四日に息子チャールズ・ライエルをもうけた。まもなくして一家でサウサンプトン近郊の町ニューフォレストに移り住み、子チャールズはその地で二人の兄弟と七人の姉妹に囲まれて育った。二流のパブリックスクールで初等教育を受けたのち、一八一六年にオックスフォード大学エクセターカレッジに進学し、父親の後に続いて弁護士と郷紳（ごうしん）を目指すかに思われた。ところが同じ年、父親の書斎で手に取った一冊の本に魅了されてしまう。その本、ロバート・ベイクウェル著『地質学入門』を通じて、ハットンによる斉一説に初めて触れたのだ。そしてプレイフェアの本へと読み進め、オックスフォード大学で先述のバックランドの講義に出席した。それまでは地質学という学問があることすらいっさい知らなかった。古典の勉強も続けて一八一九年に卒業し、一八二一年には文学修士号を取得したが、アマチュアとして熱心に地質学の研究を進めるようになり、地質学会の正会員にもなった（紳士であって会費さえ支払えば入会できた）。

以前の一八一八年に父親に連れられて一家でヨーロッパへ長期旅行に出かけたときには、まだ自分の目でさまざまな地形をとらえられなかっただけでなく、パリの自然史博物館でジョルジュ・キュヴィエの収集した化石標本を詳しく調べることもできなかった。皮肉にもそのときキュヴィエはイングランドにいた（キュヴィエについては次の章で取り上げる）。一八二一年にライエルは、サセックス州ルーイスに古生物学の先駆者ギデオン・マンテルを訪ねた。ロンドンに戻ると前年から始めていた法律の勉強に戻ったが、徐々に視力が悪くなり、ひどい頭痛にも悩まされるようになる。薄暗い部屋で手書きの細かい文書を読み込んだせいで症状はさらに悪化した。正式に法律の道をあきらめることはせず、一八二二年五月には弁護士の資格を得たが、本格的に従事することはなかった。一八二三年、再びパリを訪れてキュヴィエと出会ったときには、ひとかどの地質学者になっていた。

ライエルはさらに地質学会に貢献して、一八二三年には書記に、続いて在外書記に、最終的に会長に就任した。一八二五年にライエルとともに共同書記を務めていた同い年のジョージ・スクループは、すでに地質学に大きな貢献をしていて、フランスとイタリアへの調査旅行でおこなった死火山と活火山の研究をもとにした著書『火山に関する考察』の執筆中だった。そんなスクループと固い友情を築いたライエルは、自分も本を書こうと思い立ち、まもなくして長期の地質調査旅行に出発した。

火山と地質学

スクループは一七九七年三月一〇日にジョージ・トムソンの名で生を享け、一八二一年にウィルトシャー伯爵の娘で相続人のエマ・スクループと結婚して苗字を変えた。ここからは混乱しないようスクループと呼ぶことにする。父ジョン・トムソンはロシアと取引のある裕福な商人だったが、ジョージの少年時代についてはほとんど分かっていない。ジョージはパブリックスクールのハロウ校で学んだのち、一八一五年にオックスフォード大学ペンブルックカレッジに進学したが、当時のオックスフォード大学では十分に科学を学べないとすぐに気づき、一八一六年にケンブリッジ大学セントジョンズカレッジに移って一八二一年に卒業した。ケンブリッジ大学でスクループを教えたウッドワード記念地質学教授のアダム・セジウィックは、のちにチャールズ・ダーウィンに大きな影響を与えることとなる人物である。スクループはオックスフォードからケンブリッジへ移ったことからも分かるとおり、大学を社交の場とみなすような怠惰な有閑人ではなかった。とはいえ一応は有閑階級に属していて実家が裕福だったため（父親は貿易で稼いでいながら貴族の家系だと言い張っていた）、一八一六年から一七年の冬、まだ結婚もしていない大学生の身分でナポリへ旅行することができた。そのときにヴェスヴィオ山に興味をそそられ、一八一八年には実地調査旅行で再訪した。その一年後にはシチリアのエトナ山も訪れ、卒業して結婚した年にはフランス中部の死火山も調査した。

　それらの死火山の由来については、一七五〇年代にフランス人のジャン＝エティエンヌ・ゲタールが、有史以来この地域では火山活動の記録がいっさいないのにもかかわらず、これらの山が火山特有の円錐形をしているのに気づいたことで明らかとなっていた。一七六〇年代には同じくフランス人のニコラ・デマレが、フランス南部のマシフサントラル山地周辺の玄武岩の分布を地図にまとめ、その分布が溶岩の流れのように見えることを明らかにした。スクループはこれらの知見と独自の観察結果を組み合わせ、この地形が火山活動と浸食作用の両方によって形成されたとする筋の通った解釈を示した。

　スクループは一八二二年のヴェスヴィオ山の大噴火も直接目撃した。そしてそれまでの観察結果を一八二五年に著書『火山に関する考察』として出版し、一八二六年に王立協会の正会員に選ばれた。この本は、火山を体系的に研究して、火山の作用と地球の地質史におけるその役割を論じた初の書物であった。当時はあまり好意的に受け止められなかったが、称賛した数少ない人物の一人であるライエルは一八二七年に『クォータリー・レヴュー』誌でこの本を取り上げている（ライエルが初めて書いた評論だった）。スクループの説の問題点は、ドイツ人地質学者のアブラハム・ヴェルナーが唱えて当時ヴェルナーモデルの名で広く受け入れられていた水成説を否定していることだった。ヴェルナーの水成説では、初期の地球は高温の海に覆われていて、そのなかに漂っていた物質がゆっくりと層状に堆積して岩石が作られ、海が冷えて収縮することで現在見られる大陸が姿を現したとされていた。しかしスクループは、エトナ山のような場所ではいまでも火山によって大地が形成されていて、地球内部から上昇してきた高温の物質から新たな岩石が生成していることに気づいた。そしてその岩石はフランス中部で見られるものと同じ種類だった。その岩石（玄武岩）がヴェルナーの言うような堆積のプロセスで生成したはずはないし、火口やそれに伴う地形的特徴がヴェルナーの主張する「地殻のたわみ」で形成されたはずはない。そこでスクループは、フランスで調査した地形は溶岩が繰り返し流れたことで形成され、火山活動の合間に長く続いた平穏な期間に侵食によって谷が刻まれたのだと論じた。そのプロセスに要した期間を推定することはなかったが、膨大な歳月を要することは明らかだった。一八二七年にスクループが著書『フランス中部の地質と死火山*』を出版すると、ライエルはさらなる証拠を探してこの問題に決着を付けるべく、独自の調査旅行を計画した。それがライエルにとって最大の研究成果と、ダーウィンへの賜物につながることとなる。

その流れをたどる前に、スクループ本人のその後の経歴を簡単にまとめておこう。スクループは地質学会で活動を続けて、とくに友人ライエルの研究成果を積極的に売り込んだものの、徐々に政治に傾倒して社会改革に打ち込むようになり、地元の執政官に続いて一八三三年から六八年には下院議員を務めた。地質学に関する科学論文を多数書いて一八六七年にウォラストン・メダルを授与されたが、政治経済学に関する論説や書物のほうが多かった。一八六七年に妻に先立たれると、七〇歳のときに二六歳のマーガレット・サヴィジと再婚した。そしてチャールズ・ライエルの死から数か月後の一八七六年一月一九日に世を去った。『王立協会紀要』に掲載されたスクループの死亡記事には、「この期間にスクループとライエルによって地質学は推測の域を脱し、帰納的科学となった」と記されている。スクループがその変化のきっかけを作ったのだとしたら、その原動力となったのはライエルである。

一八二八年にヨーロッパへの調査旅行に出発する頃には、ライエルはすでに著作家としての評判を固めていて、その調査旅行で集めた情報を仲間の科学者のために使うだけでなく、地質学に関する読みやすい本にまとめてヴェルナーモデルを葬り去れればと考えていた。イングランドを発ったのは一八二八年五月、その足でパリに向かって仲間の地質学者ロデリック・マーチソンと合流し、オーヴェルニュ山地を抜けてフランスの南海岸からイタリアへ進んだ。そして九月までにパドヴァに到着した。マーチソンはそこからイングランドへ戻ったが、ライエルはその近郊で火山活動と地震活動が盛んな場所であるシチリア島へ向かった。そこでの実地調査で得られた証拠に基づいて、ライエルとやがて地質学界全体は、現在地球上に見られる地形が、今日作用しているのと同じプロセスによってきわめて長い歳月を経て作られたことを確信した。以前にマシフサントラル山地では、現在の河谷（かこく）よりも高い場所、玄武岩の地層よりも深いところから、かつて河川の堆積物だったことをはっきりと示す化石が発見されていた。ライエルもエトナ山の裾野の標高二〇〇メートルを超える場所で、溶岩の地層に挟まれた海底の痕跡を発見した。そして先人たちと違って、このような地層が形成されるのに必要な時間を特定しようとした。

> ……それぞれの溶岩の流れの合間にしばしば長い期間が過ぎたことがきわめて強く示唆される。食用の普通種であると完全に同定できるカキ［の化石］を含む地層は厚さ二〇フィート

＊もとのタイトルは『オーヴェルニュ山地、ヴレ地方、ヴィヴァレ地方の火山形成を含む、フランス中央部の地質に関する報告』。もっと簡潔なタイトルになったのはのちの普及版からで、いまではそのタイトルで呼ばれることが多い。

〔約六メートル〕もあり、ここでは玄武岩溶岩の流れの上に広がっている。そのカキを含む地層の上には二層目の溶岩が重なっていて、そこには凝灰岩やペペリノ〔ローマ周辺で産出される黄灰色の凝灰岩〕も含まれている。

……この山の麓の外周がおよそ九〇マイル〔約一五〇キロメートル〕におよぶことを考えると、この山はきわめて古いというなんとも刺激的な考えに至るのは避けられない。平均の厚さの溶岩流によってこの火山が現在の高さになるには、末端部で幅一マイル〔約一・六キロメートル〕に広がる溶岩が九〇回流れる必要があったはずだ。

……ボーヴェ谷の深い場所でも、太古の溶岩流が現代のものよりも多量だったことを示す証拠はいっさい見られないし、固い岩石とスコリア〔多孔質の火山噴出物〕の地層が現代と同じく連続して無数に積み重なったことを示す証拠も豊富にある。したがってここまで説明した理由から、厚さ八〇〇〇ないし九〇〇〇フィート〔約二四〇〇から二七〇〇メートル〕の山体が成長するには有史時代以前の膨大な年代が必要だったはずだと推測せざるをえないが、それでもその山体全体は、比較的新しい更新世のなかでも現代に近い時期に形成されたとみなすしかない。そもそもこの結論は、すでに詳述したとおり、この山のなかでももっとも古い部分が麓の周辺に見られる海成層よりも後か、少なくとも同時代に作られたことを示す地質学的データから導き出される。

強調はライエル本人による。この一節からはっきり読み取れるとおりライエルは、エトナ山のような火山ですら、激変説の言うたった一度の大激変で形成されたのではなく、溶岩が繰り返し流れることで徐々に高くなっていったのだという考えに至った。ライエルの著書『地質学原理』から引用したこの一節からさらに分かるとおり、ライエルは科学的な詳細に十分配慮していただけでなく文章も明快で、それらが組み合わさってこの本の大成功につながった。ライエルの主張の要点は読者にもはっきりと伝わった。エトナ山は人間の基準から言えばきわめて古いが、それでも地質学的基準から言うととても若い地層の上にそびえていて、それゆえ地球自体は果てしなく古いはずだという主張である。

ライエルが地質学に大きな貢献を果たしたことはよく知られている。それに比べるとあまり知られていないが、ライエルは生物種の変化についても頭をひねり、「エトナ山の森林帯のもっとも標高の高い地域の気候が裾野の海岸地域に移動したら何が起こるか」を、次のように論じている。

……オリーブやレモンやウチワサボテンがオークやクリと競合して、オークやクリがただちにもっと標高の低い場所に追いやられはじめたり、クリがマツに抗って持ちこたえ、マツも数年のうちにさらに低い場所を占めはじめたりするなどとは、どんな植物学者でも予想しないだろう。

ライエルはこの論法によって生物種が変化するという考えを否定し、ジャン゠バティスト・ラマルクの説を論駁（ろんばく）しようとした。ライエルいわく、オリーブやレモンやウチワサボテンは新たな種に変化することはなく、新たな気候にすでに適応している侵入種に駆逐されるだけである。それはちょうど、北アメリカの先住民がヨーロッパ人に追いやられて、最後には「これらの部族が詩や伝承のなかでしか記憶されていない日」がやって来るのと同じである（当時話題になった出来事を例として挙げている）。興味深いことにライエルはこの例を使って、「何らかの新たな条件との戦いに適応しない生物種の宿命のおぼろげなイメージ」を示している。ここで言う適応と、新たな条件における生存競争は、もちろんチャールズ・ダーウィンの進化論の礎となる。しかしライエルは、生物種が絶滅してほかの種に取って代わられることは受け入れながらも、それは「神の業」であるという考えに傾いていたらしい。

それぞれの生物種は一組のつがいまたは一つの個体を由来とし、それ以外は必要としなかった。そして割り当てられた期間にわたって増殖して存続できるような時代と場所で一つ一つ創造され、地球上の割り当てられた場所を占めてきたのだろう。

ライエルは、食料などの資源をめぐる競争によって生物種が絶滅することがあると唱える一方で、新たな生物種は「何らかの原因によって地位を占め、その原因は我々の理解をはるかに超えている」と論じている。

ライエルのこの本は、ヨーロッパ大陸全土の地質学者の研究成果を取り上げて地質学の分野を包括的に概観する壮大な作品となった。とくに第一巻では、友人のスクループとその内容について議論している。『地質学原理』というタイトルはアイザック・ニュートンの『数学的諸原理』へのオマージュとして意図的に選ばれていて、ライエルが野心的な目標を抱いていたことが感じ取れる。一八三〇年七月に世に出た第一巻の出版者は、ライエルが数多くの評論を書いた『クォータリー・レヴュー』誌を刊行していたジョン・マレーである。ライエルの野心的な目標はタイトルからうかがい知れるだけでなく、サブタイトルの『現在作用している原因に当てはめて地表のかつての変化を説明しようとする試み』からもはっきりと読み取れる。誰が疑念を挟んでこようとも断固として斉一説を貫いているのだ。

この本はすぐさま成功を収めたが、第二巻の刊行まで読者はしばらくじらされることとなる。ライエルはスペインでのさらなる実地調査に加え、一八三一年にはキングズカレッジ・ロンドンの地質学教授に任命された。その教務を抱えたせいで『地質学原理』第二巻はようやく一八三二年一月になって出版され、その年にライエルは地質学者の娘で同じ興味を持つメアリー・ホーナーと結婚して、スイスとイタリアへの地質調査旅行を新婚旅行にした。キングズカレッジの教授としても成功し、人気の連続講義では、当時としては珍しく女性の出席も認めた。父親からある程度の小遣いももらっていたし、メアリーも少ないながら収入があった。それに著書や寄稿文による収入も相まって一八三三年には経済的に自立し、その年に『地質学原理』第三巻が出版されると教授職を辞して著作などの活動に集中するようになった。ほかに有給の仕事に就いていなかったという意味で、史上初のプロサイエンスライターと言えるだろう。

ライエルが精力を注ぎ込んだ『地質学原理』の全三巻は、何度も改訂されて多くの版を重ねた。死の間際まで執筆に取り組み、最終の第一二版は一八七五年の死からまもなくして出版された。そのほかの重要な著作としては、学生や研究者のための手引きとして書かれた全一巻の『地質学概要』がある。その初版は一八三八年に出版され（そしていかにもライエルらしく改訂を続け）、地質学に関する初の現代的な教科書としての地位を固めた。ライエルはその取り組みが世に認められて、一八四八年にはナイトの称号を授かり、一八六四年には准男爵（世襲のナイト）となった。月と火星にはライエルの名を冠したクレーターまである。

ライエルの後半生については、チャールズ・ダーウィンと交流したことを除いて本書に直接関係する事柄はないが、ここで少し脱線して、一九世紀に世界がどのように変貌していったかを語っておこう。一八四一年にライエルは汽船で北アメリカに渡り、ナイアガラの滝で「現在作用している原因」のパワーを目の当たりにして、地球がきわめて古いことを示すさらなる証拠を集めた。鉄道のおかげで各地を訪れて一般向けの講演をおこない、著書の売り上げと収入をさらに伸ばした。その後も北アメリカを三度訪れたが、その旅は半世紀前には想像もできなかったほど容易だった。それどころか、わずか一〇年前に『地質学原理』第一巻を携えて航海に出た一人の若き地質学者の旅よりもはるかに容易だった。

ダーウィン登場

その若者チャールズ・ダーウィンはライエルから地質学を学び、ロバート・フィッツロイが艦長を務める海軍測量船ビーグル号の航海でおこなった地質学の研究によって初めて科学者として名を上げる。フィッツロイは貴族の家系に属し、イングランド王チャールズ二世の公認の庶子でグラフトン公爵の地位を授けられた人物を祖先に持つ。チャールズ・フィッツロイ卿の末息子として一八〇五年に生まれ、（兄たちと比べて）ほとんど遺産が期待できなかったため、海軍将校として人生を歩むべく一二歳でポーツマスの王立海軍学校に入学した。そしてそのとおり頭角を現して、一八二八年には提督ロバート・オトウェイ卿の副官としてガンジス号で南アメリカの沿岸を航海した。測量船ビーグル号の艦長が激務と孤独に耐えかねて自殺すると、フィッツロイは中佐に昇進してその後継者に抜擢された。実質的には中佐でありながら、名目上は大佐となった。

フィッツロイは前任者が手掛けた測量調査を完了させ、一八三〇年秋にイングランドに帰国した。ビーグル号はかなり傷んでいて本格的な修繕が必要だったため、フィッツロイは先の見通せない立場に置かれた。しかしまもなくして南アメリカの測量調査の延長が決まり、フィッツロイは改修を終えたビーグル号に近々再び乗船して大陸の東海岸を南下し、フエゴ島を回って西海岸を北上し、太平洋を横断して帰還する航海に出ることとなった。出発予定の一八三一年末にはまだ二六歳だった。船長としての孤独さをすでに経験していたし、前任者の自殺が心に引っかかっていたため（フィッツロイのおじも鬱の発作で自殺していた）、知的にも社会的にも自分と対等で、自然界への興味も共通していて、海軍の厳しい規律に縛られずに付き合える紳士階級の相棒を同行させようと考えた。そして、海軍の測量事業全般を監督する水路学者のフランシス・ボーフォート大佐に相談してみた。そこでボーフォートは一八三一年夏、大学の夏期休暇中でロンドンに滞在していた、ケンブリッジ大学トリニティーカレッジの数学者で友人のジョージ・ピーコックにそのことを話した。するとピーコックは、ケンブリッジ大学の博物学者で同僚のジョン・ヘンスローにその気はないかと持ちかけた。しかしヘンスローはそのとき三五歳、新婚で赤ん坊もいたため、引き受けるには一〇年ほど遅すぎたと判断して、売り出し中の年下の同僚レナード・ジェニンズに声を掛けた。ところがジェニンズも、ケンブリッジシャー州のボティシャムという村の教会で聖職者の職に就いたばかりだったため、同じく誘いを断った。ビーグル号出航の期限が迫った八月二四日、ヘンスローはジェニンズと同年代のチャールズ・ダーウィンに、無下(むげ)には断れないような言い回しで次のような手紙を書いた。

……近いうちに君と会って、フエゴ島を回り東インド諸島を通って帰国する船旅への誘いを心から受けてもらえればと思っている。ロンドンでピーコックから、政府によるアメリカ最南端の測量に携わるフィッツロイ大佐の相棒となる博物学者を推薦してくれるよう頼まれたのだ。そこで、そのような立場を引き受けてくれそうな知人のなかでは君がもっとも適任だと答えた。君を将来性のない博物学者と決めつけたからではなく、自然史のなかで記録に値するあらゆるものを収集、観察、記録する資格が十分にあると見込んだからだ。ピーコックが独断で指名することになっていて、この任務に就く人物が見つからなければこの機会は失われてしまうだろう。フィッツロイ大佐は単なる収集家でなく相棒となる人物を求めていて（気持ちは分かる）、どんなに優れた博物学者であっても紳士として推薦できない人物は引き受けないだろう。

地質調査旅行から帰還した一八三一年八月二九日にこの手紙を受け取った若者は、いったいどんな人物だったのだろうか？

ダーウィンは一八〇九年二月一二日にイングランド中西部のシュロップシャー州で、医師ロバート・ダーウィンの息子（医師エラズマス・ダーウィンの孫）として生まれた。六人きょうだいの五番目で、姉が三人と妹が一人、そして四歳年上の兄エラズマスがいた。一八一七年に母親が世を去ると、年長の二人の姉マリアンヌとキャロラインが（召使いとともに）家族の面倒を引き受け、落ち込んだ父ロバートは喪失感を埋め合わせようと仕事に没頭した。チャールズは地元の全日制学校に通いはじめたばかりだったが、一八一八年に兄エラズマスが学んでいたシュルーズベリーの学校に寄宿生として転校した。実家を出た二人はいつも一緒だった。一八二二年にエラズマスはシュルーズベリーを離れてケンブリッジ大学で医学を学びはじめるが、講義にうんざりしてパーティー三昧（ざんまい）の生活を送るようになる。一八二三年夏にそんな兄のもとを訪ねたチャールズは、金持ち大学生の生活ぶりに触れ、酒だけでなく流行の笑気（しょうき）ガスを知った。学校に戻ると勉強そっちのけで狩猟（とくに鳥の）に没頭し、無益な時間を過ごすようになってしまう。そんな息子を父ロバートは一八二五年に退学させ、自分の医院で助手の仕事に就けた。すると驚いたことに生活態度が改善して医学に興味を示すようになったため、エディンバラ大学で医学を学ばせることにした。そこで、ケンブリッジ大学での三年間の課程を何とか終えてエディンバラで一年間の病院研修をおこなっていたエラズマスに、チャールズの監視役を任せた。エラズマスとチャールズは最小限の勉強をしながら遊び暮らしたものの、一番興味のある科学に多くの時間を費やして、海岸や内陸でさまざまな標本を収集した。

エラズマスは何とか医者への道に戻ったが、チャールズが医者になる可能性は二件の手術（うち一件は子供）を見学したときに潰（つい）えた。当時は麻酔など使われておらず、子供が泣き叫ぶ光景はチャールズの脳裏から生涯消えなかった。『ダーウィン自伝』には次のように記している。

手術が終わる前に私は逃げ出した。そして二度と立ち会わなかった。どんなに誘われてもその気になれなかったからだ。クロロホルムが登場するはるか以前のことである。
この二件の手術の記憶に私は長年ひどく苦しめられた。

父親に顔向けできないと思ったチャールズは、エラズマスが医師の道へ進むと、一八二六年一〇月にエディンバラ大学に戻って医学の勉強を続けるふりをした。実際には自然史や地質学の講義に出席し、スコットランド人解剖学者で海洋生物の専門家であるロバート・グラントから大きな影響を受けた。しかし一八二七年八月に父親に面と向かい、医学の勉強を続けて医者になるのは無理だと白状せざるをえなくなる。軍人を輩出しない上流家庭の放蕩息子に残された道は一つしかない。ケンブリッジ大学クライストカレッジに移って古典を学び、教区司祭を目指すことになったのだ。

自然史に興味を持つ若者にとってはそれほど悪い将来ではなかった。イングランド東部の村セルボーンのギルバート・ホワイトをはじめ、何人もの教区司祭が趣味として博物学に没頭していて、ダーウィンもその道をたどるかに思われた。ケンブリッジ大学で（もちろん本来の勉強をないがしろにして）、ジョン・ヘンスローから植物学を、アダム・セジウィックから地質学を学んだのだ。ないがしろにしていた勉強には最後の最後で追いついて、一八三一年にまずまずの成績で卒業した。そして、教区代理司祭としての静かな生活を受け入れる前にもう一度だけ羽目を外そうと思ったのか、ウェールズを周遊する地質探検旅行に出発した。ところがその旅行から帰ってきたとき、フィッツロイの誘い話を伝えるピーコックからのあの手紙を受け取る。

ビーグル号の船旅

その誘いに喜んで乗ったのは想像に難くなく、父親からはそんな無鉄砲な冒険をするなと何度か諫められたものの最終的には話をつけ、一八三一年一二月二七日、二三歳にもならないダーウィンはビーグル号でフィッツロイとともに出航した。豊富な蔵書（二四五冊）を持ち込むとともに、フィッツロイから歓迎のしるしとしてライエル著『地質学原理』第一巻を贈られた。ヘンスローからは、その本を読んでも「そこに記されている考えをけっして鵜呑みにしてはならない」と忠告されていた。[17] しかしダーウィンは自ら観察した事柄に基づいて、ライエルの考えは正しいとすぐに納得するようになる。

その証拠が見えてきたのは、ビーグル号が最初に立ち寄ったカーボ・ベルデ諸島のサンティアゴ島でのことだった。この島でダーウィンは、標高九メートルの場所に白い地層を目にした。サンゴがその上の地層の重みで圧縮されてできたのは明らかだった。しかしサンゴは海中でしか形成されない。ダーウィンがのちに自伝のなかで記しているとおり、「かつて海底の上に溶岩が流れ、すり潰されたばかりの貝殻やサンゴが焼き固められたことで、固くて白い岩石が作られた」のだ。ということは、かつて海面は現在よりも九メートル以上高かったのだろうか？　それとも、この島が海から隆起したのだろうか？　ライエルから影響を受けたダーウィンはこの証拠を見て、島のほうが隆起したのだろうと考えた。しかし大激変の跡などはいっさいなかったため、長い歳月をかけて徐々に隆起したに違いないと結論づけた。

フィッツロイ率いるビーグル号が南アメリカの海岸線に沿って単調な測量活動を何か月ものあいだ続ける一方、ダーウィンは船上よりも陸上で長い時間を過ごして植物採集や地質調査をおこない、ケンブリッジ大学のヘンスローに標本を送った。初めの頃に採集したその標本のなかに、それまで科学者のあいだでは知られていなかった巨大な哺乳類の化石骨があった。現在オオナマケモノと呼ばれているその動物の化石はヘンスローの同僚科学者のあいだで話題となり、ヘンスローは一八三四年にイギリス科学振興協会の年次会合でそれを披露することにした。こうして地質学者・古生物学者としてのチャールズ・ダーウィンの名が、初めて科学界で広く知れ渡ることとなる。

ダーウィンは訪れた先々で大地の隆起の証拠を次々と見つけた。ビーグル号が南アメリカの西海岸を調査していた一八三五年には、巨大なアンデス山脈ですらも隆起によって形成されたのではないかと考えはじめていた。そしてその年の二月二〇日、大地の隆起を直接経験する。上陸中に大地震が発生して、チリ中南部の町バルディビアとその周辺地域が大きな被害を受けたのだ。地震直後にダーウィンは、満潮面よりも少し高い場所にイガイがびっしりと散らばっているのを目にした。イガイはすべて死んでいて、満潮面より九〇センチメートルほど高い場所にあった。地震の最中に地面がこれほど大きく隆起したのだ。そうだとすればアンデス山脈も、長い歳月のあいだにこのような地震が繰り返し起こることで現在の高さまで隆起したのだろう。ダーウィンはアンデス山脈を探検してこの仮説を確かめた。かなりの標高の場所で魚の化石を、森林限界よりも高い場所で石化林を発見するとともに、大きな力が働いたことを示す地層の乱れを見つけたのだ。

しかし起こっているのは隆起だけではなかった。アンデス山脈が隆起しているとしたら、ライエルの説によれば土地が沈降している場所もあるはずだ。ビーグル号が太平洋を西へ向けて横断する前からダーウィンは、円形のサンゴ礁に囲まれたサンゴ島や、中心に島がなくて円形のサンゴ礁だけからなる環礁が存在することを知っていた。サンゴは太陽光がさんさんと降り注ぐ浅くて暖かい海にしか育たない。当時広く信じられていた説では、海底火山が隆起して島が生まれ、その周囲にサンゴ礁が形成されると考えられていた（ライエルですらそう考えていた）。しかしダーウィンは、実はその逆だと気づいた。徐々に沈降する島を縁取るようにサンゴ礁が形成され、最後にはサンゴ礁だけが海面上に残るのだ。太平洋横断航海中にダーウィンは、海面下に沈んだ死んだサンゴの上に若いサンゴが積み上がっていることを自らの目で確かめた。現在では太平洋の海底全体が沈降しているのではないことが分かっているが、ダーウィンによるサンゴ島形成説は基本的に正しく、地質学者としての名声にも寄与した。

ダーウィンの研究にいたく感心したヘンスローは、ビーグル号の帰港前からダーウィンの科学的発見を記した手紙のうちの何通かを印刷して小冊子にまとめ、内輪で回覧させた。セジウィックも一八三五年一一月に、ダーウィンが南アメリカで発見した事柄を地質学会で論文として発表し、ダーウィンは一八三六年一〇月の帰国直後に地質学会の正会員に選ばれた（動物学会への入会は一八三九年のことだった）。そして一八三七年一月四日に地質学会で、南アメリカ大陸が一〇〇年に約二・五センチメートルというゆっくりとしたスピードで徐々に隆起していることを示す証拠に関する論文を発表し、二八歳の誕生日から数日後の二月一七日には地質学会の評議員に選ばれた。こうして若き地質学者は大躍進を遂げた。

ダーウィンはその後も地質学に貢献しつづけ、なかでも一八三八年三月には地質学会で『火山現象と山脈の隆起』という論文を発表した。そのなかで証拠を細かく挙げながら、アンデス山脈は現在もこの地域で見られる（そして実際に感じられる）のと同じプロセスによって膨大な歳月をかけて隆起してきたと論じると、活発な議論の末にダーウィン支持で意見がまとまった。その後ライエルは次のように記している。

四年前には私の漸進説は、私の目の前では遠慮気味に、首尾一貫してはいるがばかげているとして扱われたものだが、……ここに来て誰もがそれとは違う論調で扱うようになったのには大いに心打たれた。[18]

ダーウィンはおもに南アメリカでの調査研究が認められて、三〇歳の誕生日直前の一八三九年一月二四日に王立協会の正会員に選出された。南アメリカでの調査の概要は著書『ビーグル号航海記*』にまとめられ、同年五月に出版された。その本の主張は、ダーウィンの結論が気に入らない人たちにとっても明らかだった。ある評者は批判のつもりで、「もしもダーウィンが正しいとしたら、アンデス大山脈の麓が海に洗われていた頃から少なくとも一〇〇万年は経っているとするしかない」と論じた。しかし批判する人は少数派だった。漸進説と地球はきわめて古いとする説が科学界で広く受け入れられたのは、おおまかに言ってダーウィンが南アメリカで観察した事柄を発表したときだったといえる。この功績だけでもダーウィンは科学史の重要人物として記憶されていたことだろう。

一八四〇年代初め、すでに地質学者としての名声を固めていたダーウィンは結婚して家庭を築き、ケント州のダウンという村に生涯過ごすつもりで居を定めた。その頃には進化についてもすでに考えをめぐらせていた。最初にその興味を掻き立てられたのはライエル『地質学原理』第二巻からで、その本は南アメリカ遠征中に入手していた。その巻でライエルはジャン＝バティスト・ラマルクの説を、支持するのでなく反論するために詳細に解説していた。そこからダーウィンは進化について考えはじめ、また同じ頃に生物界の多様さと、絶滅してほかの種に取って代わられた化石種を自ら目の当たりにしはじめた。しかしあくまでも生物学の世界では信望のない地質学者だけに、厳しい反応が返ってくることが分かっていたため、完成途中の自らの説を公（おおやけ）にすることには慎重だった。

ダーウィンがどのようにして地質学者から進化生物学者になったかを見ていく前に、「時の賜物」の話を進めておくべきだろう。現代の地球史のタイムスケールでは一〇〇万年ですら一瞬のようなもので、進化が作用するのに十二分な歳月が与えられている。

太陽はいかにして燃えているか

ライエルやダーウィンが集めた証拠を受けて地質学者たちが、地球は確かに悠久の歴史を持っていると納得しはじめたちょうどその頃、物理学者がそこに横槍を入れてきた。一九世紀、蒸気機関の発達に合わせて、熱と運動の学問である熱力学が誕生した。蒸気機関における実用上の経験に基づいて熱力学が発展し、熱力学の発展によって蒸気機関が改良されていった。そして一九

＊フルタイトルは『一八三二年から三六年までR・N・フィッツロイ大佐の指揮のもと軍艦ビーグル号で訪れた各国の地質と自然史に関する研究の日誌』。

世紀半ばには、エネルギーはある形態から別の形態に変換する（たとえば蒸気機関内部の熱エネルギーが運動エネルギーに変換して蒸気機関を駆動させる）ものの、そのプロセスの効率は一〇〇パーセントではなく、エネルギーが徐々に宇宙全体に漏れ広がってしまうことが明らかになっていた。これを正式には「熱力学の第二法則」といい、くだけた言葉で言うなら「ものは劣化する」となる。エネルギーは無尽蔵ではない。一八四〇年代、地上の生物が頼りにしている太陽もその例外ではないことに、何人かの人物が気づいた。

その研究には、当時しかるべき評価を得られなかった二人の知られざる先駆者が関わっていた。ドイツ人物理学者のユリウス・フォン・マイヤー（一八一四－七八）と、イギリス人技術者で教師のジョン・ウォーターストン（一八一一年に生まれ、八三年に謎の死を遂げた）である。二人は太陽が輝きつづける理由についてそれぞれ独自に考えをめぐらせ、太陽表面に隕石が絶え間なく落下することで「燃料」を得ているのではないかと提唱した。重力エネルギーが運動エネルギーに変換して隕石を加速させ、その隕石が衝突した際に運動エネルギーが熱エネルギーに変換するというのだ。しかし二人の研究はほぼ相手にされず、基本的にこれと同じ説を別のあるドイツ人と別のあるイギリス人がさらに大きく発展させることとなる。

そのイギリス人ウィリアム・トムソン（一八二四－一九〇七）は、この隕石衝突説から論理的な結論を導き出して地球の運命と結びつけた。一八五二年に次のように記している。

もしも太陽の寿命が有限だとしたら、地球も過去の限られた期間しか存在しておらず、未来も限られた期間しか存在しないはずであり、物質世界で現在働いている既知の作用を司る法則のもとでは起こりえない作用が働いてこなかった限り、あるいは今後も働かない限り、現在のように人間の居住には適さなかったはずだ[19]。

この一年後にトムソンはウォーターストンの隕石衝突説を知り、隕石の衝突でどれだけのエネルギーが解放されるのか、太陽がどれだけ長く輝きつづけられるのかを計算しはじめた。するとすぐに、隕石だけでは十分でないことに気づき、惑星に目を転じた。ところが、仮に太陽系の惑星が一個ずつ太陽に飲み込まれていくとしてもなお、それによって解放されるエネルギーでは太陽は数千年しか輝かないことが分かった。

一方、一八二一年にドイツのポツダムで生まれたヘルマン・フォン・ヘルムホルツ（一八九四年没）は、一八五四年二月に太陽のエネルギーの問題に関する自身初の論文を発表して、ある見事な説を提唱した。太陽を形作るすべての物質が重力エネルギーを提供し、それによって発生した熱で太陽が輝きつづけているのではないかという説である。太陽を構成するすべての物質を岩石の雲にして太陽系よりも広い範囲にばらまいたら、それが重力で引き寄せ合って互いに衝突する際に重力エネルギーが熱に変換され、どろどろに融けた火の玉ができるだろう。ヘルムホルツ自身はこの際に解放される熱の量を計算することはなかったが、トムソンがその計算をおこなって、太陽が一億年から二億年で放射するのと同じ量のエネルギーが発生することを見出した。しかし、そのエネルギーがすべていっぺんに解放されてしまったら役に立たない。トムソンは最初はこの難点に目をつぶっていたが、のちに考えなおした。何らかの方法でこのエネルギーが徐々に解放されれば、太陽は一億年から二億年輝きつづけられるだろう。トムソンは数値に幅を持たせた上で、一八六二年三月に『マクミランズ・マガジン』で次のように論じた。

したがって、太陽がこれまでに地球を照らしてきた期間はおそらく一億年に満たないだろうし、五億年に満たないことはほぼ間違いない。未来に関して言えば、現在知られていない巨大な創造の貯蔵庫が用意されてでもいない限り、地球上に暮らす者たちが生命に欠かせない光と熱をさらに何億年にもわたって享受はできないことも、同じくらい確実であると言える。

その後トムソンはこの説を究極の形へと発展させた。太陽がきわめてゆっくりと収縮しつづけているとしたら、重力エネルギーはいっぺんに解放されずに、いまでも徐々に解放されつつあるはずだ。確かに太陽のような恒星は、徐々に収縮して重力エネルギーを熱に変換させるだけで一億年から二億年は輝きつづけられる。実際に恒星はそうやって誕生することがいまでは分かっていて、この期間の長さはケルヴィン＝ヘルムホルツ時間（ドイツではヘルムホルツ＝ケルヴィン時間）と呼ばれている。しかしこの説ですら、ダーウィンにとっては深刻な問題をもたらすものだった。

ダーウィンは斉一説に基づいて地球がきわめて古いことを証明するために、白亜の断崖が一〇〇年あたりおよそ二・五センチメートルのスピードで侵食されつつあるという測定結果をもとに、侵食によってイングランドの原野が形成されるのにかかる時間を計算した。あくまでもおおざっぱな概算で現代の算出値よりも少し長いが、大きく外れてはいない。するとトムソンはその値を嘲り気味に取り上げた。

「ウィールド地方の侵食」に要する三億年といった地質学的概算値は、いったいどうとらえたらいいのか？　太陽の物質の物理的条件が、力学に基づいて導き出される実験室での物質の物理的条件と一〇〇〇倍異なるという可能性と、海峡のすさまじい潮汐を伴う荒れた海が、ダーウィン氏による一〇〇年あたり一インチ〔二・五センチメートル〕という推定値よりも一〇〇〇倍速く白亜の断崖を侵食するという可能性とでは、いったいどちらのほうが高いのだろうか？

ダーウィンを生涯悩ませて、自説を余計な（そして軽率な）形で修正するよう仕向けたこの難点については、ここでは立ち入る必要はない。この太陽エネルギーの問題はダーウィンの死後、放射能の発見とアルベルト・アインシュタインの特殊相対論、そして太陽は中心核で水素をヘリウムに変換させてエネルギーを生み出していることが明らかとなった末に解決された。まさに、トムソンが論じた当時には「既知の作用を司る法則のもとでは起こりえない」とされていた作用によって解決されたのだ。「巨大な創造の貯蔵庫」は確かに存在した。そのおかげで太陽は現在と多かれ少なかれ同じ形で一〇〇億年にわたり輝きつづけることができ、いまはその寿命の半分ほどにしか達していない。五〇億年近い歴史があれば、ダーウィンが示したような形で進化が作用するには十分だ。

太陽や恒星の真の年齢に関する理解が進むのと足並みを揃えるように、二〇世紀の物理学者は放射能の発見を受けて地球の年齢をどんどん精確に決定できるようになっていった。そのきっかけは、一八七一年にニュージーランドで生まれたアーネスト・ラザフォードが、イギリス生まれのフレデリック・ソディー（一八七七－一九五六）とともにカナダで研究をおこなっていたときに、放射性元素が特定の壊変（かいへん）パターンを示して、ある決まった時間で試料中の原子の半数が別の原子に変わるのを発見したことだった。* その時間を「半減期」という。最初にどれだけの量の放射性物質があったとしても、半減期が経てばその物質の半分が壊変し、さらに半減期が経てば残りの半分（もとの四分の一）が壊変する。半減期は放射性物質の種類によって異なり、壊変によって生じる物質も最初の物質ごとに決まっている。

放射性元素のウランは壊変して鉛になる。アメリカ人のバートラム・ボルトウッド（一八七〇－一九二七）は、岩石試料に含まれる鉛の量とウランの各種同位体の量との比を測定することでその岩石の年齢を決定する手法を開発した。この手法を使って、当時ロンドン王立科学カレッジの学生だったアーサー・ホームズ（一八九〇－一九六五）が、ノルウェーで採取されたデボン紀の岩石試料の年代を三億七〇〇〇万年と決定した。ダーウィンの死から三〇年も経っていない一九一〇年には、大学生ですら岩石の年代をはじき出せるようになったのだ。ホームズはその後もこの手法の改良を続け、最終的に最古の岩石の年代（つまり地球の年齢）を四五億年と決定した。それとはまったく別に算出された太陽の年齢とぴたりと合致する結果だった。一九四四年にホームズが出版した『物理地質学原理』（タイトルはライエルへのオマージュとして付けられた）は、何十年ものあいだ標準的な教科書として使われた。この本が成功したのも当然だった。ホームズはある友人への手紙のなかで、「英語が話される国々で広く読まれるには、教えたことのあるなかでも一番頭の悪い学生を思い浮かべて、その学生に説明するにはどうすればいいかを考えることだ」と記している。[20] 本書はとうていそこまでのレベルには達していないかもしれないが、ダーウィンと違って進化に必要なタイムスケールに気を揉まずに本題に戻れるだけの証拠は示せたはずだ。

*ラザフォードは一九〇七年にイングランドのマンチェスター大学の物理学教授となり、一九三七年に世を去った。

第2部　ダーウィンの時代

第4章　ダーウィンからダーウィンへ

ここまで進化の概念の進化をめぐる物語は、ビュフォン伯爵が世を去ってそのバトンがチャールズ・ダーウィンの祖父エラズマスに引き継がれたところまで来た。エラズマス・ダーウィンは一七三一年一二月一二日に、元法廷弁護士ロバート・ダーウィンの息子として生まれた。ケンブリッジ大学セントジョンズカレッジで学び、詩人として頭角を現すが、それでは食っていけない。そこでさらに（一時期はエディンバラ大学でも）勉強を続け、バーミンガム近郊の村で医師となった。開業医として成功する傍ら、科学にも興味を持ち、蒸気機関や雲の形成メカニズムに関する論文も発表した。二七歳の誕生日からまもなくしてメアリー・ハワードと結婚し、五人の子供をもうけた。そのうちの二人、エリザベスとウィリアムは幼くして死んだが、チャールズ、エラズマス、ロバートは成人に達するまで成長した（チャールズはかろうじてだった。エディンバラ大学で医学を学んでいたとき、解剖中に指を切り、そのときに感染した敗血症によって二〇歳で世を去ったのだ）。その中で一七六六年生まれのロバートだけが父親と同じく医師になって結婚し、「我らが」チャールズ・ダーウィンの父となる。

ロバートは末っ子で、独り立ちする前の一七七〇年に母親を亡くした。そこでロバートの面倒を見るために、一七歳のメアリー・パーカーが家にやって来た。だがメアリーは単なる養母では終わらず、エラズマスの娘を二人産んだ。エラズマスもその娘たちを認知して、メアリーが家を出て結婚してからも自分の子として面倒を見つづけた。五〇歳になった一七八一年には未亡人のエリザベス・ポールと結婚し、さらに七人の子供をもうけて、うち六人が幼児期を生き延びた。*

これほどお盛んで医院も繁盛していたのなら、それ以外の活動をする時間なんてほとんどなかったはずだと思われるかもしれない。しかしそんなことはなかった。エラズマス・ダーウィンは一七六一年に王立協会の正会員となり、ジェイムズ・ワットやベンジャミン・フランクリン、ジョーゼフ・プリーストリーといった先駆的な科学者と交流したのだ。また一七七四年夏にはハットンがダーウィン家を訪れて、この地域の地質調査の拠点としてしばらく滞在した。エラズマスはそのハットンの一七八八年の著書『地球の理論』を早いうちから熱心に読んだ上に、プリーストリーによる新たな酸素燃焼説もいち早く受け入れた。また、科学者の集まりである月光協会の中心的な創設メンバーでもあった。月光協会では毎月、月明かりで夜中に安全に帰宅できる、満月にもっとも近い日曜日に会合を開いていた。エラズマスはリンネの著作の英訳もおこなった。新たに発展しつつある運河建設業や製鉄業に抜け目なく投資し、有名な陶磁器メーカーを創設したジョサイア・ウェッジウッドとも親しくした。ロバート・ダーウィンはそのウェッジウッドの娘スザンナと一七九六年に結婚した。その前年にスザンナは父親を亡くして、二万五〇〇〇ポンド、現在の価値にして何百万ポンドもの遺産を相続していた。そのおかげもあり、ロバートとスザンナの息子チャールズ・ダーウィンは祖父と違って食い扶持(ぶち)をいっさい気にせずに済んだ。

エラズマスは科学者たちからはすでに尊敬を集めていたものの、世間での名声を手にしたのは五十代後半になってからで、そのきっかけとなったのは一七八九年に出版した著書『植物の愛』である。リンネの研究成果を詩の形式で世間に広めるために書かれた本で、リンネの記述に基づいた性的な引喩や諷刺が満載されている。一八世紀末にしてはきわどい内容で、幅広い人に読まれた。デズモンド・キング＝ヘレによると、シェリー、コールリッジ、キーツ、ワーズワースといった詩人も手に取ったという（コールリッジは一七九六年に実際にエラズマスのもとを訪ねている）。『植物の愛』の成功を受けて一七九二年には続篇の『植生の理法』も書かれ、その後これらの合本『植物の園』が出版された。詩だけなら二四四〇行だが、そこに約八万語の注が添えられていて、それだけで自然界に関する一冊の本に相当する。

こうして舞台が整えられた末に、エラズマス・ダーウィンの最高傑作『ズーノミア』が書かれた。第一巻は長さおよそ二〇万語で一七九四年に、第二巻はおよそ三〇万語で一七九六年に出版された。その大部分はさまざまなテーマ、おもに医学に充てられているが、第一巻の四〇ある章のうちの一つ、わずか五五ページで、詩作では簡単に触れられていただけの進化に関する自説を詳しく論じている。

当時は、たとえ科学に関しても革新的な説を示すのは危険な時代だった。一七九三年にフランス国王がギロチン刑に処され、イギリスはフランスとの戦争のさなかだった。既存の体制を脅か

＊エラズマスの科学研究について論じたエルンスト・クラウゼの著書にチャールズ・ダーウィンが寄稿した「まえがき」からは、エラズマスの人生について興味深い事柄が読み取れる。

す事柄は少なくとも疑いの目で見られ、多くの場合それだけでは済まなかった。先駆的な化学者で自由改革を積極的に推進していたジョーゼフ・プリーストリーは、一七九〇年、「教会と王よ永遠に」のスローガンを掲げる暴徒によって自宅を壊され、妻とともに逃げ出して最終的にアメリカへ渡った。進化の概念も当然ながら反キリスト教的とみなされ、それを公然と支持すれば名声を失うおそれがあった。しかし一七九四年に六三歳になったエラズマスは、プリーストリーのような災難に見舞われないかと多少不安を感じながらも、もう名声を気に掛けるような歳ではないと思ったのだろう。明らかにハットンから影響を受けて、歯に衣着せずに次のように問いかけたのだ。

……地球が誕生してから人類の歴史が始まるまでのおそらく何百万年、何千万年という長い歳月のなかで、一本の生きた線条からすべての温血動物が生まれ、「偉大なる第一原因」によって動物性と、新たな部位を獲得する力を授けられ、刺激、感覚、意志、連想に促される新たな性質が備わり、そうして獲得した能力が生得的な活動によって改良されつづけて、その改良が世代を追って後世の世界まで終わることなく伝えられるなどと想像するのは、あまりにも大胆すぎることだろうか！

しかしエラズマスも間違いなく驚いたことに、「生成」というシンプルなタイトルが付けられた進化に関するこの章は無視され、評者を含め誰からもすぐにはいっさい反応がなかった。医学に関する何ページもの記述の中に見事に紛れ、孫のチャールズ・ダーウィンですら、知られている限り自身の進化論を発表した後でようやく読んだくらいだった。しかし二年後に『ズーノミア』とその著者エラズマスは攻撃の的となってしまう。政治漫画のなかでは革命支持者と諷刺された。少なくとも本人が信じる限り、逮捕されるおそれも高かった。出版したジョーゼフ・ジョンソンが一七九九年に、「君主たる王が大いに不満を抱く、悪意に満ちた扇動的で性悪な人物」とみなされて六か月間投獄されたからだ。しかしジョンソンはそのとおりの人物で、扇動的な本を何冊も出版していた。『ズーノミア』はそのなかでもおとなしいほうの本で、その著者であるエラズマスが自由を奪われるおそれはけっして高くはなかった。

この本のなかでエラズマスはまるで孫の著作を先取りするかのように、人間による選択交配によって新たな種類の動植物が作られていることに注目した上で、「どの足にも余分な爪のあるネコの系統」を例に挙げて、生物の特徴は親から子へ受け継がれると論じている。さらに次のようにも述べている。「鳥のなかにはオウムのように、木の実を砕くためのより硬いくちばしを獲得したものもいる。スズメのように、より硬い種子を砕くのに適応したくちばしを獲得したものもいる。もっと軟らかい種子に合わせたものもいる」。しかし、生物種がどのようにして生命網のなかのそれぞれのニッチ（生態的地位）に合った特徴を獲得するのかについては、エラズマスにも分からなかった。そこで、何か必要なものを獲得するために努力することで動植物の身体に変化が起こり、そうして獲得した特徴がその後の世代に受け継がれるのではないかと推測した。ウエイトリフティングの選手が筋肉を付けるのと同じように、硬い木の実を砕こうと頑張った鳥が強いくちばしを発達させる。その鳥の子は、親が生まれたときよりもわずかに強いくちばしを持って生まれ、さらに「頑張る」。そうして世代ごとにくちばしが徐々に強くなっていくというのだ。しかしこの本には、現代の読者にとってとくに目につく一節がある。何種類かの鳥におけるオスの役割について論じた箇所で、エラズマスは次のように述べている。

ニワトリやウズラなど、子に餌を運ばず、それゆえ結婚しないオスは、メスを独占するためにさまざまな武器を身につけている。メスはその武器を持っていないので、この武器が敵から身を守るためのものでないことは明らかだ。このようにオスどうしが争う究極の原因は、もっとも強くて活動的な個体が繁殖し、それゆえその生物種が進歩することであるように思われる。

自然選択による進化の考え方に驚くほど近いではないか！

一八〇三年に出版されたエラズマス・ダーウィンの最後の著書『自然の聖堂』*は、生命が最初の生きた線条から現在の多様な形へと進化してきた物語を詩の形式で語っている。その一部を紹介しよう。

果てしない波の下の生命は
海の真珠のような洞窟のなかで生まれ育ち
最初は球形のガラスでも見えないちっぽけな形で、
泥の上を動いたり水の塊のなかを突き進んだりしながら、
次々と世代が花開くなか、

新たな力を獲得してより大きな手足を身につけた。
そこから無数の植物と、
呼吸するひれや足や翼の世界が生まれた。
（中略）
世界中で叫べ。死を克服して
いかにして繁殖に励むか。そして幸福を続けるか。
生命がいかにしてあらゆる風土で人間を増やし
復活する若き自然が時を征服するか。

この本の注釈もそれだけで一冊の書物に匹敵し、火山活動によって陸地が隆起したのちに生命が海から陸へ上がった様子を描写している。

原始の海から島や大陸が顔を出すと、多数のきわめて単純な動物が新たな陸地のへりや岸で食料を見つけようとし、それによって徐々に水陸両生になっていったのかもしれない。水生動物から両生動物に変化する現在のカエルに見られるように、……乾いた陸地に置かれて乾いた空気に囲まれた生物は、自らの存在を維持する新たな力を徐々に獲得したのだろう。そ

＊もともとのタイトルは『社会の起源』だったが、出版者ジョーゼフ・ジョンソンの提案でもう少し控えめなタイトルに変更された。

して数千、もしかしたら数百万の世代にわたって数えきれないほど繁殖が繰り返されたことで、ついに陸上に棲む植物や動物の多くが生み出されたのだろう。

しかしエラズマス・ダーウィンはこの出版の前年に七〇歳で世を去っていたため、自らの考えをせっせと広めることもなければ、自らの考えに対する批判にさらされることもなかった。この本に対する評論のほとんどは非難に満ちていた。サミュエル・テイラー・コールリッジはウィリアム・ワーズワースへの手紙のなかで次のように記している。「人間がオランウータンの状態から進歩してきたという考えは、あらゆる歴史、あらゆる宗教、それどころかあらゆる可能性に反していて嫌悪感を覚える[21]」。雑誌『エディンバラ・レヴュー』も次のように評した。「もしも彼の名声が今日の移り変わる流行よりも長く続く定めにあるとしたら、そのよすがとなりそうなのは詩人としての功績である。科学に関する彼の妄想が忘却から救われる可能性は、『不朽の詩と融合する』以外におそらくはないであろう」

ラマルクとラマルキズム

こうして遺された道を継いだのが、エラズマスに似た考えを、のちにラマルキズムと呼ばれるようになるもっと完全な形へと発展させた、ラマルク騎士ジャン＝バティスト・ピエール・アントワーヌ・ド・モネという華麗な名前のフランス人である。ラマルクはエラズマスの説を知っていたのか、あるいはまったく独自にその考えを思いついたのか、歴史家のあいだで意見は一致していない（どちらを支持する証拠も見つかっていない）。しかしラマルクがそれを初めて包括的で合理的な科学的学説に発展させて、今日見られる多様な生命が初期の生命からどのように進化してきたかを説明しようとしたのは間違いない。その学説にラマルクの名前が付けられているのは当然であるし、一九世紀初めの知識水準のなかでそれがいかに大きな前進だったかを理解できない人たちから嘲笑を浴びるいわれもない。

ラマルクはその高貴な名前に違い、何不自由なく暮らすような家柄ではなかった。一七四四年八月一日にフランス北部ピカルディー地方のバザンタンという町で、貧しくて身分の低い貴族の第一一子として生まれ、いずれは自活するしかないとつねに自覚していた。三人の兄が軍隊に入ってその一人が戦死すると、若きジャン＝バティストも入隊しようとするも、父親にアミアンのイエズス会の学校に入学させられた。一七六〇年にその父親を亡くすと、勉強をやめて軍隊に入り、プロイセンとのポメラニア戦争（七年戦争の一部）に従軍した。そして一七歳の志願兵でありながら輝かしい戦果を挙げ、戦地で将校に任ぜられたが、その祝宴会で羽目を外して首を怪我してしまい、パリに戻って手術を受け、回復に一年を要した。年に四〇〇フランの恩給しかもらえなかったため、パリの銀行で働きながら医学を四年間学んだものの、半ばであきらめ、博物学の重鎮ベルナール・ド・ジュシューに師事して植物学を学びはじめた。その一〇年後の一七七八年に全三巻の大作『フランス植物誌』を出版して名声を固め、翌年にビュフォン男爵に推されてフランス科学アカデミーの一員となった。三四歳の誕生日を迎えてまもなくマリ・アン・ロザリー・ドゥラポルトと結婚し、子供を六人もうけたが、一七九二年にその妻を亡くす（その後二度再婚したが、いずれの妻にも先立たれた）。一七八一年には王室付きの植物学者に任ぜられ、それから何年かのあいだ世界中を旅して珍しい植物や鉱物標本などを収集した。

一七八八年にラマルクはフランス王立植物園（ジャルダン・デュ・ロワ、「王の庭」の意）の植物標本室管理者に任命されたが、フランス革命の嵐に巻き込まれることは何とかして避けた。一七九〇年に賢くも、ジャルダン・デュ・ロワという名称を「ジャルダン・デ・プラント（植物の庭）」に改めるよう訴えたのだ。一七九三年にはパリ国立自然史博物館の、いまで言う無脊椎動物学の教授となった（自身でこの分野にその名称を付けた）。当初は生物種は変化しないと信じていたが、軟体動物を研究するうちに考えが変わってきた。そして一八〇〇年五月一一日、五六歳のときに講演の場で進化に関する自らの考えを初めて公にし、一八〇二年には地球の成り立ちに関する自らの説を詳述した著書『水文地質学』を出版する。その説では、地球は永遠に存在しながらも規則的に変化しつづけていて、それゆえつねに同じ姿を取っているとしている。*東から西に海流が流れることで大陸の西岸が侵食され、その土砂が海を隔てた大陸の東岸に堆積していくことで、大陸が地球上を徐々に移動していくのだという。「変化すれば変化するほど同じ状態に保たれる」。斉一説をとことんまで突き詰めた考え方で、完全に間違ってはいたものの、この本は生物学という言葉を現代の意味でいち早く用いた書物とされている。ただし誰が最初にこの言葉を使ったかについては、いまだに議論が続いている。

もっと注目すべき点として、この同じ年にラマルクはもう一冊の著書『生物の組織に関する研究』を出版し、そのなかで進化に関する自らの説を一八〇〇年の講演のときよりも完全な形に発展させた。この本は『水文地質学』と単に出版年が同じだっただけでなく、その姉妹篇として書かれた。そのなかでラマルクは、地球がつねに変化しているのだから、生物も環境の変化に適応するためにつねに変化していると論じた。

動物の個々の祖先が持っていた習性、生態、そして置かれてきた環境によって、歳月とともに身体の形、器官の数や状態、そして生まれ持った能力が決定されてきた。

ラマルクのこの説は支配階級の人たち、とくにパリ植物園教授ジョルジュ・キュヴィエからは非難されて嘲笑を受けたが、もっと下の世代の同業者からはそこそこの支持を得た。ラマルクは講演を続けたが、一八〇四年に六〇歳を迎えてからは公の論争にはほとんど関わらず、進化に関する自身の考えを詳述した著書『動物哲学』（一八〇九）の執筆に取り組むことが増えた。健康を損なって視力も衰えていたが、さらに全七巻の大作『無脊椎動物誌』を書き上げて一八一五年から二二年にかけて出版した。一八一八年には視力を失い、子供たちが何とかやりくりして世話をすることになった。一八二九年にラマルクが世を去ったときには、アカデミーから葬儀費用を借りるしかなかった。それでもラマルクの進化論はすでに独り歩きしていた。

ラマルクが生物種の不変性について考えをひるがえしたきっかけは、軟体動物などの単純な生物を研究したことだったようだ。いわゆる最下等動物である軟体動物は分化した器官を持っておらず、ラマルクは、そのような単純な生物なら電気の力によって自然発生してもおかしくはないと考えたらしい。一七九〇年代はおろか一九世紀初めになっても、電気はいまだ謎の現象で解明が進んでいなかった。「生命力」が電気によってもたらされるというその考えは科学者たちに真

＊たとえ地球が永遠でなくても、その年齢は「人間の計算能力を完全に超えている」とラマルクは述べている。

剣に受け止められ、『フランケンシュタイン』（一八一八）の作者メアリー・シェリーなどの作家にも取り入れられた。しかしラマルクは、複雑な生物が自然発生で生まれるはずはなく、何か別の方法が必要だったはずで、単純な生物から複雑な生物が発達する何らかのメカニズムが存在したに違いないと考えた。そこで考えついたプロセスは、科学的というよりも神秘的なものだった。『無脊椎動物誌』のなかでは次のように述べている。

流体の急速な運動によって繊細な組織のあいだに導管が刻まれる。やがてその流れが変化しはじめて、それぞれ異なる器官が形成される。流れが複雑になった流体自体はさらに複雑になり、器官を構成するさらに多様な分泌物や物質を生み出す。

単純な生物から複雑な生物へ発達するという考えはすでに一八〇〇年五月の講演で示していたが、そのときにはなぜか次のように論理が逆転していた。

何よりも無脊椎動物は、組織構造が驚くほど劣化していて動物としての能力が次々に損なわれており、哲学的な博物学者が大いに関心を示すに違いない対象である。最後には徐々に動物の究極段階、すなわちもっとも単純な構造を持ったもっとも不完全な動物、それどころか動物であるとはほとんどみなせないようなものへと至る。おそらくそれらは自然が始まったときに作られたもので、そこからかなりの時間と好ましい環境の助けを借りてそれ以外のすべての生物が作られたのだろう。[22]

最後の一文からはっきりと読み取れるとおりラマルクは、もっとも単純な生物が自然発生し、それが進化によってもっと複雑な生物へ発達したと論じた。「かなりの時間」という表現にも注目すべきだ。しかしこの進化のとらえ方は、エラズマス・ダーウィンと同じではない。ラマルクは生物種が絶滅するという考えは受け入れず、化石としてのみ見つかる生物種は現在生きている生物種に進化してしまっただけだと考えていたし、すべての生物がたった一つの共通祖先（エラズマス・ダーウィンの言う「線条」）から進化したとも考えてはいなかった。また、現在でも自然発生によって新たな生物種が作られつづけていて、それが時間の経過とともにもっと複雑な生物種に発達すると考えていた。このことからうかがい知れるとおり、ラマルクはエラズマス・ダーウィンの説をわざわざ論駁する気がなかったのか、またはその説には不案内だったようだ。

ラマルクの説は実際には二つの部分からなっていて、今日「ラマルキズム」とよく呼ばれているのは二つめの部分である。一つめの部分は、ラマルクが自然法則の一つととらえていた、単純な生物は複雑な生物へと変化するよう促される、あるいは強制的に仕向けられるというものである。いわば複雑さを目指した競争だ。このプロセスがどのようにして起こるのかというのが二つめの部分で、基本的にはエラズマス・ダーウィンが考えたのと同じように、一個体が生きているあいだに獲得した特徴がその後の世代に受け継がれるというものである。しかしラマルクはそれだけでなく、使われなくなった器官は縮んだり劣化したりして、最終的に消失するとも唱えている。『動物哲学』のなかでは、「ある器官が利用されなくなると、……その器官は徐々に衰え、完全に消失することで終わりを迎える」と述べている。このプロセスの一例としてラマルクは、モグラが視覚を失ったことを挙げている。
　進化に関するラマルクの考えは四つの「法則」にまとめられ、一八一五年出版の『無脊椎動物誌』第一巻で示された。

第一法則　すべての生命体は生命自体の力によって体積を増やし、生命自体の定める上限に達するまで各部位を大きくする傾向がつねにある。

第二法則　動物の新たな器官の形成は、新たに経験した必要性が持続し、その必要性から新たな動きが発生して維持される結果として起こる。

第三法則　器官とその機能の発達は、その器官の利用とつねに関連している。

第四法則　一つの個体の身体が生きているうちに獲得した、……または変化させた特徴はすべて、繁殖プロセスにおいて維持され、その変化を経験したものによって次の世代に伝えられる。

　この四つめの法則がのちにラマルキズムと呼ばれるようになる。しかしラマルクがもっとも訴えたかった事柄は同時代の多くの人には受け入れがたく、チャールズ・ライエルも進化のプロセスに人類が明確に含まれているラマルクの考えを否定した。その細部に大きな価値があったとは言えないが、ラマルクによる生物種の定義は以下のように覆（くつがえ）しようのないもので、彼が進化論の発展に大きな貢献を果たした学殖の深い思索家だったことがよく分かる。

生物種とは、環境が十分に変化して生態や特徴や形態が変化しない限り、同じ状態で何世代にもわたたって続く、互いに似た個体の集まりである。

ラマルクの名前とよく結びつけて取り上げられるのが、エティエンヌ・ジョフロワ・サンティレール（一七七二－一八四四）という人物である。しかしそれはこの二人が同時期にパリ植物園で働いていたからであって、二人の考えが実際に似ていたからではない。ジョフロワは、新たな生命形態はある世代から次の世代へと飛躍的に突然作られたのであって、たとえば爬虫類の卵から最初の鳥が孵（かえ）ったのだと考えた。そしてこの例から分かるとおり、この飛躍的変化（跳躍とも呼ばれる）は胚のなかで起こり、それは環境の変化によって引き起こされると提唱した。一八三三年に発表した論文のなかでは次のように述べている。

……有利な、あるいは有害な変化は継承され、その集団の残りの動物に影響をおよぼす。なぜなら、有害な影響をもたらす変化を示した動物は死に、新たな環境に適応するよう変化したわずかに異なる形態を持つ動物に取って代わられるからだ。

今日なら「極端な変異」とでも表現できるこのような変化は、かつては「将来性のある怪物」と呼ばれていた。自然は多様な跳躍を次々に引き起こして、そのなかの一つまたは少数がうまく環境に適応してくれないかと期待するものだ、というとらえ方である。それらの怪物のなかでより良く適応したものが生き残って、それ以外が死ぬという考えは、自然選択の考え方にかなり近いともいえる。しかしそのメカニズムについては、親の肺に大気が作用して、その反応として胚に変化が生じるのだと提唱している。たとえ選択が起こるにしても、中間の形態は存在せず、このプロセスは徐々にではなく急速に（ある世代から次の世代へと瞬時に）起こるとされていた。

それでもジョフロワは、少なくとも進化は確かに起こると考えていた。一方、パリでラマルクの同僚だったもう一人の人物は、古生物学研究によって確かに生物が絶滅することを明らかにし、いまでは進化の証拠を見つけた人物とみなされていながらも、進化の概念自体には激しく異議を唱えていた。

進化否定論の袋小路

その人物ジョルジュ・キュヴィエは、一七六九年八月二三日にフランス東部のモンベリアールで生まれた。洗礼名はジャン＝レオポール＝ニコラ＝フレデリックだったが、一七六九年に兄のジョルジュが四歳で命を落としてからは、いつも兄の名前で呼ばれていた。当時モンベリアールは神聖ローマ帝国を構成するヴュルテンベルク公爵領に属していたが、一七九三年にフランスの一部となった。皮肉なことに、ラマルクとキュヴィエは最終的に激しく対立するものの、どちらの考えにも真理の一端があった。ラマルクは進化が実際に起こることは受け入れたものの、絶滅が起こることは信じなかった。一方のキュヴィエは絶滅の証拠は受け入れたものの、進化が起こることは信じなかったのだ。

キュヴィエは父親がヴァチカンを守る衛兵の将校で、一〇歳の頃に自然史に興味を持ちはじめ、おじが持っていたビュフォンの『博物誌』の各巻を一二歳になるまでに読破した。一五歳まで地元の高校で学んだのち、ヴュルテンベルク家との関わりのおかげでシュトゥットガルトに新設のカルルス・シューレという軍人養成校に移り、優秀な成績を収めた。しかし強いコネも収入もなかったため、一七八八年、フランス北西部のカーンに暮らすエリシー公爵の息子アシル・デリシーの住み込みの家庭教師となった。そしてカーンにある植物園や大学の図書館をたびたび訪れた。フランス革命初期の混乱のなかでもノルマンディーの僻地は暮らしやすい土地だったが、一七九一年にはそこにも動乱の波が押し寄せ、公爵一家は息子の家庭教師を連れて比較的安全なフィカンヴィルの夏の別荘に移った。その頃、著名な医師で農業の専門家であるアンリ・テシエが、恐怖政治から逃れるために偽名を使ってノルマンディーに避難してきていた。そのテシエがヴァルモンの町で農業に関する講演をおこなうと、キュヴィエは彼と出会って親交を結んだ。二人はすぐに友人どうしとなり、キュヴィエの才能に気づいたテシエはある同業者に、「ノルマンディーの肥やしの山のなかに真珠を見つけた」と書き送った。

キュヴィエはジャコバン派の支配のもとで地元自治体の行政官として働いた。恐怖政治が収まると、手紙を通じてパリの博物学者たちに紹介され、彼らと文通を始める。ジャコバン派から総裁政府に置き換わって平穏を取り戻した一七九五年、キュヴィエは一八歳間近のアシルとともにパリを訪れた。アシルがパリを訪れた目的は分かっていないが、キュヴィエはパリの文通相手たちとじかに顔を合わせ、パリ植物園を吸収合併した国立自然史博物館の助手の職に招かれて、二六歳の誕生日の少し前に働きはじめた。

そしてそれから一年もせずに自身初の重要な研究をおこない、進むべき道が定まった。アフリカゾウとインドゾウの骨格を調べて互いに比較した上で、それらとマンモスや、当時「オハイオの動物」と呼ばれていた生物（のちにキュヴィエが「マストドン」と命名する）の化石とをさらに比較したのだ。一七九六年におこなってのちに書物にまとめられた講演のなかでキュヴィエは、証拠に基づいて、アフリカゾウとインドゾウは互いに異なる種であり、さらにどちらもマンモスと異なるため、マンモスの子孫は現在では生きておらず、この種は絶滅したと唱えた。マストドンもこのいずれの種とも異なっていて、やはり絶滅種である。このキュヴィエの研究によって、絶滅が実際に起こったことが最終的に裏付けられたのだ。

　現生種や化石種の分析と深く結びついているキュヴィエのもう一つの大きな功績が、動物の身体の各部位は互いに依存しあっていて、その動物の生態によってその形が決まっていると明らかにしたことである。この「各部位の相関」を論じたのは、一七九八年に発表した以下の論文においてである。

> ある動物の歯が肉を栄養とするのに必要な形になっていたら、それ以上の説明を要しなくても、その動物の消化器系全体がその種の食料に適していて、その骨格と運動器官、さらには感覚器官も獲物を追いかけて捕まえる能力を有するような形になっていると確信できる。これらはその動物が生存するための必要条件であるゆえ、そうなっていない個体は生き残れないだろう。[23]

こうして得られた認識は、キュヴィエらが化石の断片から身体全体を再現する上でもちろん計り知れない役割を果たした。キュヴィエは同じ論文のなかで（多少大げさに）次のように述べている。

比較解剖学がこのような完璧な状態に達したことで、たった一個の骨を調べれば、多くの場合その個体が属する綱、ときにはさらに属まで特定できるし、何よりもその骨が頭部や肢（あし）のものであれば、……その骨から身体全体を推定できるまでになっている。

比較解剖学の研究をおこなったキュヴィエは、生物界における関係性について改めて考えはじめた。そして、「原始的」な生物が一番下に、人類が一番上に位置するたった一本の鎖、いわゆる生命の梯子に地球上のすべての生物を当てはめることは不可能だと気づいた。その上で動物を、脊椎動物、軟体動物、体節動物、放射動物という、それぞれ独自の特別な解剖学的構造を有する四つのグループに分類した。現在ではこの分類法は用いられていないが、キュヴィエが動物界をこのような分類体系に基づいて区分したのは、生物をめぐる思索のなかでも画期的な出来事であり、チャールズ・ダーウィンによる生命の木というたとえに向けた第一歩となった。

しかしこのような成功のせいで、かえってキュヴィエの考えは袋小路に陥っていく。動物のすべての部位がその生態に完璧に合っていると考えたキュヴィエは、もしもごく小さな部位ですら変化したらその動物の有効な機能に害がおよんでしまうのだから、生物種はけっして変化しようがないと唱えたのだ。

フランス科学界の重鎮となったキュヴィエが進化の存在を否定した結果、ラマルクやジョフロワの研究成果は顧みられなくなった。キュヴィエはパリ植物園の教授に就任し、王立協会をはじめ数多くの学術団体に外国会員として招かれ、ナポレオンのもとでもブルボン王朝復位後にも公職を務め、レジオンドヌール勲章を授かって、最終的には男爵となった。一八一〇年には世界一の影響力を持つ生物学者と言ってもいい地位に就き、世を去るまでその地位に留まった。キュヴィエが口を開くたびに、とくにフランスの科学界はじっと耳を傾けるのだった。

キュヴィエは激変説を支持していて、ゾウに関する一七九六年の論文で早くも次のように述べている。

互いに辻褄が合っていていかなる報告とも相反しないこれらの事実から、我々の世界以前に別の世界が存在していて、それが何らかの大異変によって破壊されたことが証明されるだろう。

出世して生物種の絶滅の証拠をさらに発見したキュヴィエは、かつて大異変が何度も起こったに違いないと考えた。そして入手できた限られた化石の証拠に基づいて、それぞれの大異変の直後に新たな生物種が完全な形で出現し、それが変化しないまま次の絶滅で死に絶えてきたのだと確信した。しかしだからといって、必ずしも絶滅のたびに一から新たな創造が起こったことにはならない。キュヴィエいわく、局所的な大異変によって一部の地域の生物が死に絶え、その後に別の地域から既存の異なる生物種が移動してきて棲み着いたということも考えられる。この説は一八一二年に出版されたキュヴィエの論文集のはしがき（「予備的な論説」）のなかで詳しく論じられた。そしてこのはしがきが多くは海賊版として何か国語にも翻訳され、幅広い影響をおよぼした。キュヴィエ本人も一八二六年にその修正版を『地表の変革に関する論述』というタイトルで出版した。

キュヴィエは生前、ラマルクとジョフロワの両方と進化の概念について論争を繰り広げた。しかしキュヴィエの駄目押しの言葉は、彼の死後、というよりもラマルクとキュヴィエ両方の死後に響き渡った。一八二九年の暮れの週にラマルクが世を去ると、学界の重鎮となっていた六〇歳のキュヴィエは科学アカデミーからラマルクの追悼記事の執筆を依頼される。しかしその執筆は遅れに遅れた。国王シャルル一〇世が民主化の流れを押し戻そうとしたことで一八三〇年にパリで暴動が起こるなど、政治情勢がめまぐるしく変化したためだけでなく、キュヴィエがジョフロワと「種の変化説」の真偽をめぐって激しい論争を繰り広げたためでもあった（その論争はキュヴィエが勝利した）。キュヴィエはかねてから若い博物学者たちに、自然界のからくりを説明する理論を編み出そうとして時間と労力を無駄にせず、自然界を記述することだけに専念するよう諭し、彼らの多くもそれに従っていた。そんなキュヴィエがラマルクの追悼記事の執筆に本腰を入れはじめると、どうしても故人を大目に見られなくなって、ラマルクの功績を猛烈に批判した。そして一八三二年初めにその原稿をアカデミーに送ったものの、コレラの流行中の五月に命を落としてしまう。キュヴィエの死後に掲載されたそのラマルクの追悼記事は、タイトルこそ『ド・ラマルク氏を讃えて』でありながら、進化に関するラマルクの考えを次のように総括している。

……彼の考えは二つの恣意的な仮定に基づいている。一つは、胚が発生能力を秘めた蒸気から構成されているという仮定で、もう一つは、努力や欲求によって器官が形成されるという仮定である。そのような前提に基づいて構築された系は、詩人の想像力は楽しませるかもしれないし、形而上学者ならそこからまったく新たな一連の系を導き出すかもしれない。しかし内臓や、羽根一枚だけでも解剖したことのある人が考察すれば、一瞬たりとも持ちこたえられないだろう。

確かに的を射てはいるが、ラマルクの説を進化の正しいメカニズムでないとして切り捨てるあまりに、進化が起こったという事実までもなげうってしまっている。キュヴィエの名声もあって、これによりフランスでは進化をめぐる思索が後戻りしたが、同じ頃にイギリス海峡を隔てた地では逆に勢いを得ていた。

イギリスの進化論

教会など保守的な体制派からの抵抗もあって、進化をめぐる思索は徐々にしか進まなかった。しかし早くも一八一九年にはイギリス人外科医のウィリアム・ローレンスが、ラマルクの説から大きく前進した進化論を印刷物にまとめている。ローレンスは一七八三年に生まれ、チャールズ・ダーウィンの代表作の出版を目にするまで長生きした（一八六七年没）。のちに自身の代表作とみなされる書物を出版した一八一九年には、体制派の中心人物となっていた。一八一三年に王立協会の正会員に選ばれ、一八一五年には王立外科医師会の解剖学・外科学教授に任ぜられた。

詩人のパーシー・ビッシュ・シェリーやその妻メアリーを診察し、二人と親しくした。特別な生命力が存在するという説（生気説）には真っ向から異議を唱え、メアリー・シェリーはその考えに感化されて小説『フランケンシュタイン』（一八一八）を書いた。

人間を含む生命の本質に関するローレンスの唯物論的な考え方は、三十代後半になって学者人生のピークに近づいていた一八一九年に、著書『生理学、動物学、および人間の自然史に関する講話』のなかで公表された。* この本がしばしば『人間の自然史』または俗に『人間に関する講話』と略して呼ばれていることから見て、主要なテーマが何であったかは明らかだ。ローレンスはラマルクの研究のことをよく知っていたが、ラマルクの説く進化のメカニズムは受け入れなかった。その代わり、進化に二つの重要な特徴があるのを見て取った。第一に、「子は親が獲得した属性でなく、親が先天的に有していた属性だけを受け継ぐ」。第二に、変種や種（ローレンスは種族と呼んでいる）どうしの違いは、「ときに親と異なる特徴を備えた子が先天的な変種として生まれ、そのような変種が世代を通じて広がっていく」と説明するしかない。しかしローレンスは、一部の変種が生存のために選択されて、ほかの変種が生存に失敗するメカニズムを説明できなかった。それでも、変化が促されて動植物のさまざまな変種が生み出される上で、地理的な分離が重要な役割を果たすことには気づいていたし、選択交配の力も認識していた。そして皮肉を込めた例として、貴族が美しい姿をしている理由を挙げている。

*英語で「biology」（生物学）という単語が使われたのはこの本が最初だが、別の言語ではラマルクらがすでに使っていた。

高貴な者はそれ以外の者と比べて結婚の際に国の美人を選ぶ力をおおむね多く有しており、……それゆえ社会特権と同じく優美なプロポーションにおいても地位が異なる。

この例は我々にとっては愉快に思えるかもしれないが、そこからはこの本が極端な反応を浴びた理由がはっきりと読み取れる。ローレンスは人間を動物界のほかのメンバーとあからさまに同じように扱っているのだ。それどころか、「人間どうしに見られる違いは旧約聖書からもそれ以外の歴史的記録からも解決できず、動物学的手法を用いて調べるほかない」と述べた上に、歯に衣着せずにその理由を次のように説明している。

最初の瞬間にアダムの前に連れてこられて、のちにノアの箱舟に集められたとされるすべての動物の代表など、……動物学的に存在しえない。

ローレンスが自信を持ってそのように言い切ったのは、キュヴィエやハットンなどの地質学者の研究に通じていたことが大きかった。

下位の地層、すなわち最初の時代には、現生する動物とは大きく異なる遺骸が含まれていて、地表に向かって進むにつれて現在の生物種に徐々に近づいていく。

（中略）

絶滅した動物の種族は、……その存在の記録が正真正銘のものであると仮定すると、かなりの確率で人類の誕生よりも時代が古い。

聖書を一言一句信じる人たちに向けては次のように指摘している。

天文学者は旧約聖書に基づいて天体の運動を表現することもなければ、それらを支配する法則を導き出すこともない。地質学者も観察結果を、モザイク画に描かれている事柄に合わせて修正する必要があるなどとは考えない。したがってこの主題［種の起源］についても自由に議論できると結論づけられる。

遺伝学者のシリル・ダーリントンはローレンスの主張の要点を次のようにまとめている。

- 人間どうしの精神的および身体的違いは継承される。
- 各人種は一腹の子猫に見られるのと同じ変異によって生じた。
- 進んだ人種や支配層は性選択によって美しさが高まる。
- 人種隔離によって各人種の特徴は維持される。
- 「選択と排除」が変化と適応の手段である。
- 人類は家畜のウシのように選択的に繁殖することで進歩する。逆に多くの王族に見られるとおり、近親交配をすれば堕落する。

• 医学や道徳、さらには政治の教育と研究を進めるための基礎として適切なのは、人間を動物として扱う動物学的研究だけである。

とりわけ人類を動物学的研究にふさわしい対象に含めるべきとした点など、このいずれの主張も、当時は冒瀆(ぼうとく)とみなされた。そしてローレンスの反対者と支持者のあいだで公然と激しい論争が繰り広げられた末の一八二二年、大法官によってこの本の出版権が無効となり、ローレンスは公式に出版を取り下げざるをえなくなった。だが何十年にもわたってこの本の海賊版が再刊されたため、この措置は検閲としては有効に機能しなかった。それでもローレンス本人にとっては、進化とその人類における意義をめぐる議論に公に関わることが事実上なくなるに等しかった。ところが学者人生と社会的地位を失いかねない事態に直面しながらも、ローレンスは医師としての仕事を続け、やがて支配層の目の前で復活を果たすこととなる。一八二八年に王立外科医師会の評議員に選ばれ、のちに同会の会長とヴィクトリア女王付きの外科医になったのだ。さらには准男爵にも叙された。一八四四年にローレンスのもとを訪れたある人は次のように記している。

……何年か前に私は『人間に関する講話』に強い関心を持ったが、その著者は意識を持つ生命と持たない生命の関係に少々深入りしすぎたせいで、聖職者の怒りを買っていた。……彼はそれに脅(おびや)かされても気にしていないようで、いまでは単なる外科医として働き、日曜日は昔ながらのイングランド風の生活を送って、いまのところ生理学や心理学には関わっていない。[24]

おもしろいことに、ローレンスの『人間に関する講話』の出版以前にも、イングランドを拠点とする二人の医師が進化の概念を具体的に人間に当てはめて公表していたが、いずれもローレンスと違って不名誉をこうむることはなかった。ただしどちらも控えめに論じているにすぎず、最初のケースではあまりに手短に触れているだけで、うっかり読み飛ばしてしまいかねないほどだった。それを書いたジェイムズ・プリチャードは一七八六年にヘレフォードシャー州のロス＝オン＝ワイという町で生まれ（一八四八年没）、エディンバラ大学で学んで、一八〇八年に博士論文のなかで人間の多様性や人種の由来について論じた。そして一八一三年、その博士論文に手を加えて拡張した全二巻の著書『人間の身体的歴史に関する研究』を出版した。そのなかでプリチャードは、各種の人間は共通の祖先から進化したと決めつけた上で、次のように述べている。

全般的に数多くの理由から、原始的な人種はおそらく黒人であるという結論が導き出され、そうでないとする主張は私の知る限り存在しない。

このプリチャードの主張はチャールズ・ダーウィンに先んじるものとしてはかなり物足りないが、一方で同じ一八一三年にウィリアム・ウェルズが示した主張は、のちにダーウィン本人から、自然選択の原理を初めて取り上げたものと評されることとなる。*

自然選択の概念に迫る

ウェルズはこの考えを示すまで、波乱に富んだ人生を送っていた。生まれたのは一七五七年、アメリカのサウスカロライナ州チャールストン。両親は一七五三年にこの町に移住してきたスコットランド人だった。一七七五年、イギリス支配への抵抗運動に加わるよう周囲から迫られたウェルズは、イギリスへの移住を選び、エディンバラとロンドンで医学を学んだ。一七七九年にはオランダに渡ってスコットランド軍の一連隊の外科医となった。しかし指揮官と仲違い（なかたがい）し、志願兵ゆえにその場で退役してすぐさま指揮官に決闘を挑むものの、鼻であしらわれた。その後オランダのライデンで医学を修め、ロンドン経由でエディンバラに戻り、一七八〇年に医学博士の学位を得た。

翌年ウェルズは、一家の問題を収めるべくチャールストンに戻った。当時その地域がまだイギリスの支配下にあったおかげで、自分の用事を片付けるだけでなく、イングランドに暮らす家族ぐるみの友人たちの資産を代わりに管理することもできた。一七八二年にイギリスが撤退すると、ウェルズは友人たちの資産を手にフロリダへ向かい、一七八四年にようやくイングランドに帰国した。そして医院を開業し、一七九三年に王立協会の正会員に選ばれ、一七九八年にセントトマス病院の補助医師となった。

進化に関するウェルズの考えは一八一三年に王立協会で論文として発表され、その五年後に著書『二篇の評論』に付録として掲載された。しかしウェルズはその前年に世を去っていて、彼の言葉は独り歩きを始める。その付録のタイトルは、「白人女性の皮膚の一部が黒人に似ていることの説明および、白人と黒人の色や体つきの違いの原因に関するいくつかの所見」。のちにダーウィンが太鼓判を押す次の一節では、人為選択（動植物の品種改良）と自然界における選択とを比較している。

……それぞれの居住国に合わせて各人種が形成される上で自然がおこなうことは、動物の品種改良者が技術を用いておこなうことと比べてゆっくりではあるものの、有効性は等しい。アフリカ中部に最初に分散して居住していた数少ない住民のなかから偶然生じたと思われる人種のうち、一部の人はほかの人と比べてその国の病気により適応していたのだろう。ほかの人種が数を減らす一方でその人種は数を増やし、……もっとも色の濃い人たちはその気候にもっとも適応していたため、由来となった特定の国では、唯一ではないもののやがてもっとも優勢な人種になったのだろう。

確かに自然選択のことを述べている。ウェルズは詳細に立ち入る前に「人間のあいだでも、またほかの動物のあいだでも……」と断っているが、それにもかかわらずダーウィンは、「彼は人間だけに、しかも特定の特徴だけにそれを当てはめている」と指摘した。すべての生命に自然選択が広く当てはまり、そこに生存競争が役割を果たしていることをもっと力強く説いた文章が世に出たのは、ダーウィンがロバート・フィッツロイに同行して航海に出発する少し前の一八三一年のことだった。しかしその文章もまた本の付録だった。その本のタイトルは『海軍の材木と樹

＊ダーウィンがウェルズの研究を知ったのは、『種の起源』第一版の出版後のことだった。この言及はその後の版に追加された「歴史的概略」に収められている。

木栽培について』。人々の目に留まったのは一八六〇年に著者本人が指摘してからで、ダーウィンがかの代表作を出版した翌年のことだった。

その本の著者パトリック・マシューは、一七九〇年にスコットランドのパースにほど近い農場で生まれた。母アグネス・ダンカンはイギリス海軍提督アダム・ダンカン（一七三一－一八〇四）の親戚で、その提督が一七九七年、キャンパーダウンの海戦でオランダ軍を破って爵位とスコットランドの土地を与えられた。マシュー一家はダンカンから地所を相続し、一八〇七年にパトリックの父親が世を去ると、一七歳のパトリックがその地所を管理することとなった。そこには広大な果樹園が広がっていて、ウィスキー醸造用の穀類も栽培していた。マシューはヨーロッパ各地を旅し（一八一五年にはパリを訪れたものの、ナポレオンがエルバ島から脱出すると予定を切り上げて帰国せざるをえなくなった）、樹木栽培の専門家となった。一族の家業のこともあって、海軍の艦船の建造に使われる材木にはとくに関心を持っていた。そうして著書『海軍の材木と樹木栽培について』を出版したのは、四一歳になった年だった。

当時ほとんどの博物学者はいまだに、わずかな変種を除いて生物種は一定不変であると信じていた。進化（種の変化）について論じるにしても、エラズマス・ダーウィンやラマルクの研究と同じく、一つの生物種が生態的ニッチにより適応して進歩するという文脈が多かった。そんななかでマシューは、チャールズ・ダーウィンやアルフレッド・ラッセル・ウォレスに先駆けて大きな一歩を踏み出した。自然選択によって新たな生物種が生じることに気づいたのだが、ただしあまりにも明白でわざわざおおごとにするまでもないと見ていたらしい。さらに文中のさまざまな箇所で「自然の選択過程」、「選択の原理」、「自然法則による選択」などという表現を使って、選択に関する彼の説明で、その説明はダーウィンやウォレスに劣らず明快である。*
い樹木種の品質劣化につながる従来の植樹法を批判することだったが、本書で注目すべきは自然
　マシューがこの本を書いた大きな目的の一つは、適応度の低い木が選択されて商業的価値の高
「自然選択」という用語を定義する一歩手前まで迫っていた。

　自然界にあまねく通用するある法則によって、繁殖するすべての存在は、あたかも身体的能力および精神的（本能的）能力をできるだけ完璧な形で設計してそれを維持しようとするかのように、その種または組織体が置かれている条件にできる限り適応しようとする。この法則によってライオンは力を、ウサギは敏捷さを、キツネは悪賢さを維持する。自然は生命に手を加えるなかで、時の衰退により滅んだ者の居場所を埋め合わせるのに十二分な繁殖の力を発揮し、必要な強さや敏捷さ、我慢強さや悪賢さを持たないものは、天敵の餌食になるか、あるいはおもに栄養不足によって病気に倒れるかして、繁殖せずに早死にし、その居場所は生存の手段を求める同種のもっと完璧な者によって占められる。

　マシューは、自然選択による進化を構成する三つの重要な要素を正しく理解した。一つめは、一つの生物種の各個体の増殖によって、競争と「生存を懸けた戦い」が起こること。二つめは、一つの

*マイケル・ウィールがその幅広い文脈に当てはめて解釈し、二〇一五年四月一九日に『リンネ協会生物学紀要』（*Biological Journal of the Linnean Society*, Volume 115, number 4, page 1）で発表した。

生物種に属する個体どうしのあいだに違いが存在すること。三つめは、その違いが継承されることである。

このうちの一つめはマシュー本人だけでなくその後の進化論者にも大きな影響を与えたため、ここでとくに取り上げて説明しておこう。人間に当てはめてこの主張をもっとも力強く説いたのは、聖職者のトマス・マルサスである。マルサスは一七六六年に生まれ、ケンブリッジ大学で学んで一七八八年に聖職者となった。のちにイングランドのハートフォード近郊にあるヘイリーベリーカレッジの歴史学・政治経済学教授となるが、著書『人口論』の初版を出版したのは、サリー州オルバリーで補助司祭を務めていた一七九八年のことだった。初版は匿名で出版されたが、一九世紀にマルサス名義でいくつもの拡張版が世に出た。マルサスは一八三四年まで生きたが、同時代のほとんどの人と同じくマシューの著作には気づかなかった。

マルサスは、人口は可能な限り幾何級数的に増えていくという事実を浮き彫りにした。つまり、ある期間内に人口が二倍になり、続く同じ期間内に再び二倍になるというのがずっと繰り返されるということだ。これは人間にもほかの生物種にも当てはまる。単純な例として、一組の男女が子供を四人生んでそのいずれもが親になるまで生き延び、それがどの世代でも起こるとしたら、最初の男女の孫は一六人、曾孫（ひまご）は六四人などとなる。* しかしここで重要なのは、「すべての子が親になるまで生き延びる」という条件である。「過剰な人間」（マルサスの言い回し）が繁殖前に死ねば、人口はある程度安定的に維持される。具体例としてマルサスは、執筆当時、北アメリカの人口が二五年ごとにおよそ二倍になっていて、人々が新たな土地に広がっていると指摘している。このスピードが続けば、北アメリカの人口はわずか一六〇〇年後には一八〇〇〇〇〇〇〇

〇〇〇〇〇〇〇〇〇〇〇〇〇〇という ありえない数に達してしまうことになる。しかもこれと同じ論法が、タンポポやゾウ、キリンやクモなどあらゆる生物種に当てはまる。

その上でマルサスは、捕食者や病気、とりわけ確保可能な食料の量によって人口は抑えられると指摘している。実際の人口は、確保できる資源によって維持可能な上限までしか増えないのだ。

自然の増加傾向は至るところできわめて大きく、各国の人口が増えていることはそれによっておおむね容易に説明できるだろう。答えるのがもっと難しくてもっと興味深いのは、それ以上増えるのを食い止める直接の原因は何かという疑問である。……何がその強い力を持つのか、……どのような力が制約となってどのような早死が起こることで、存続可能な値にまで人口が抑えられるのか？

マシューも同じように考えた。

生命が自律的に適応する傾向は、一つに自然の繁殖性が極端に高いことに帰着でき、先述のとおり自然は、どの種類の子孫においても、老衰死によって生じた空位を埋めるのに必要な程度よりもはるかに大きい（多くの場合一〇〇〇倍の）繁殖力を持っている。居住地に限界があってそれがすでに占められていると、頑健で丈夫で環境により適した個体だけが戦い抜

＊ただしどの子にも親が二人いるので、全体の人口の増え方はここまで劇的ではない。

いて成熟することができ、ほかの種類よりも適応していて占有力の強い環境にのみ居住する。もっと弱くて環境に適していない者は早死にする。

マシュー、ダーウィン、ウォレスはそれぞれ独自に次のような結論に達した。このプロセスには資源をめぐる個体どうしの競争が関わっていて、環境にもっとも適した（適応した）個体が選択されて生存・繁殖し、適応していない個体は途中で死ぬ。マシューは次のように述べている。

……原始的な生命や初期の生命が計り知れないほど無駄になるなか、自然によって適応性が試されて、完璧さと適応度に関する自然の基準に適合し、厳しい試練をかいくぐって成熟する者だけが、繁殖によって自らの種を存続させることができる。

マシューはライエルの「時の賜物」が完全に受け入れられる前にこの本を書いたため激変説を信じていたが、のちのダーウィンやウォレスは彼と違って斉一説を採った。マシューは、今日の地球上に見られる条件のもとでは自然選択によって新たな生物種が生まれることはありえず、大激変の後にしかそのようなことは起こらないと考えていて、それは当時知られていた化石記録とも合致していた。* また、このプロセスで複雑な器官が新たに作られることもないと考えていた。

競争的選択の法則のもとで、ひれが足に、足が腕に、腕が翼に、あるいはその逆に変化することはあるが、前もって潜在性が備わっていなければそれは起こらない。この法則に従って器官が進歩したり、環境が変化した際には環境に合わせて変化したりはするが、新たな器官が作られることはありえない。この法則をどのように修正しようとも、力尽くで突き刺して根元にある毒の入った袋に押しつけ、傷口の奥に毒を吹きかけるように作られたヘビの中空の牙を生み出すこともできないし、きわめて危険なヘビの尾にガラガラという警告音を鳴らす器官を備え付けることもできないだろう。

マシューは進化を、何らかの設計者が定めた法則に従って進むものととらえ、「生命と環境とのこの絶え間ないバランスにおける設計は美しく一貫している」と述べている。しかしマイケル・ウィールは、設計者の概念を受け入れるかどうかにかかわらず、自然選択を表現する用語としては、「理論」よりもこの「法則」という言葉のほうがはるかにふさわしいと指摘している。一般の人々のイメージでは、法則は自然界の免れようのない事実を指す一方、理論はそこまで確実ではなく、新たな証拠に照らし合わせて変更されうるものととらえられている。その意味で自然選択は間違いなく法則であって、マシューもそこのところを理解した上で、「自然界にあまねく通用するある法則によって、繁殖するすべての存在は、……置かれている条件にできる限り適応しようとする傾向がある」と記している。

当然ダーウィンはマシューのこの著作の存在に気づいておらず、彼から影響を受けることもな

＊いまでは両方のプロセスが作用していることが分かっている。確かに大量絶滅後には新たな生物種が激増しているが、絶滅と絶滅の合間にも種形成は進んでいる。

かった。もしもマシューの考えが海軍の材木に関する本のなかでこれほど目立たずに示されているのでなかったら、ダーウィンはきっと彼の考えに後押しされて、進化に関する自身の考えをもっと早く発表していたことだろう。しかし実際には、一八四四年に出版された別の本がダーウィンに逆の影響をもたらす。ロバート・チェンバーズの著書『創造の自然史の痕跡』が世間からどのように受け止められたかを見てダーウィンは、自らの進化論を公にするにはまだ時期が早すぎると確信したのだ。

進化論にはまだ遠い

チェンバーズは一八〇二年にスコットランド南東部のピーブルズで生まれた。父ジェイムズは家内工業を営んでいて、住居の地下の作業場で綿織物を織っていた。ロバートには兄ウィリアムと弟ジェイムズ（父親と同名）がいた。地元の学校で読み書き算数の基本を教わり、高校に進んで古典を学んだ。しかしほとんどは独学で学問を身につけ、何年もかけて『ブリタニカ百科事典』をむさぼり読んでは自分のものにしていった。高校に入る前に一家でエディンバラに移り住み、兄ウィリアムは書店で見習いとして働いた。移住したのは一家の経済的状況ゆえやむをえないことだった。そもそも機械織機の登場によって父ジェイムズのような家内労働者は仕事を失い、彼は織物商人に転向していた。当時、ナポレオン戦争の影響で仮釈放中のフランス人の囚人が近所に何人も住んでいて、ジェイムズは彼らがツケで買い物をしていくのを大目に見ていた。ところがその囚人たちがツケを払わないまま突然連行されてしまったせいで、ジェイムズは破産し、仕事を求めてエディンバラへ移ったのだ。

ロバートは一六歳で学校を辞め、家計を助けるためにエディンバラのリース通りで本を売る露店を開いた。最初は父親所有の古い本を売っていたが、徐々に在庫が増えて評判も上がっていった。一方で兄ウィリアムは中古の印刷機を購入し、小冊子を出版する事業を営みはじめた。一八二〇年代初めに二人は手を組み、ロバートが執筆してウィリアムが出版するという形で、一部数ペンスの安価な雑誌や小冊子、さらにのちには『ウォルター・スコット卿の生涯』などの書籍を次々と出した。一八三〇年代には出版社W&R・チェンバーズを正式に設立したが、ロバートは引きつづき弟のジェイムズとともにエディンバラで書店の経営も続けた。ウィリアムとロバートの兄弟は、科学や歴史や芸術の発展に関する情報に飢えた人々に向けた雑誌『チェンバーズ・エディンバラ・ジャーナル』を刊行した。するとあっという間に発行部数が数万部に達し、事業は成功した。ロバートはW&R・チェンバーズ出版の本も次々と書き、そのなかには、『著名なスコットランド人の伝記事典』、『ロバート・バーンズの生涯と作品』、および一八五九年から六八年にかけて何巻も刊行された『チェンバーズの百科事典』などがある。しかしロバートのもっとも有名な著作となる本は、自身が生きているうちにロバート・チェンバーズ名義で世に出たのでもなければ、チェンバーズ兄弟によって出版されたのでもない。

ロバートは地質学に強い興味を持っていて、一八三〇年代以降の地質学の進歩をつぶさに追いかけていたため、ライエルの研究についてもよく知っていた。一八四〇年にはエディンバラ王立協会の正会員に、四四年にはロンドン地質学会の正会員にもなった。そして当時の代表的な科学者の多くと交流して、一八四八年に著書『古代の海辺』を出版した。その後スカンディナヴィア地方やカナダに調査旅行に出掛け、観察した事柄を本にまとめた。しかしその頃にはすでに、彼の代表作は世に出ていた。

その著書『創造の自然史の痕跡』は一八四四年に出版された。このタイトルは「始まりの痕跡も終わりの可能性も」見出せなかったハットンに当てつけたものである。チェンバーズは、始まりは確かに存在し、地球も地球上の生命も今日見られるのとほぼ同じ状態でずっと存在しつづけてきたのではないと唱えた。そして純粋な思索に基づいて、星々から人類に至るまでの万物の起源と進化に関するモデルを示し、その進化の到達点が人類であると論じた。つまり、人間はほかに類のない特別な被造物ではなく、「下等な」動物から発達、すなわち進化したということだ。

チェンバーズは自らの考えが論争を引き起こしかねないことを重々承知していたため、著者の正体が知られないよう労を尽くした。筆跡から身元がばれないよう妻に原稿を書き写してもらい、マンチェスターで活動するジャーナリストで友人のアレキサンダー・アイルランドを通じて、ロンドンの出版者ジョン・チャーチルに送った。校正刷りも同じルートを逆にたどって送ってもらい、その後の手紙のやり取りもすべてそれに従った。彼らのほかに秘密を知っていたのは、妻と兄ウィリアム、そして友人のロバート・コックスの三人だけだった。世間ではかなりの憶測が飛び交って、チェンバーズが著者ではないかと何度も疑われたが、正式に明らかにされたのは死後の一八七一年のことだった。

チェンバーズは、単純な生物が自然発生して、それがもっと複雑な生物へ進化したのだろうと推測した。そして地質学の知識に基づいて、化石記録も単純な生命から複雑な生命へ、そして最終的に人類へと進歩していると主張した。神がすべてをお膳立てして、この世界のしくみを支配する法則を定めたのかもしれないという考え方は受け入れていたものの（生命の住処（すみか）は地球だけでなくほかにもあると考えていた）、神の手が自らの創造物をいじくり回しているという考えははっきりと否定している。

第三紀以前に繁栄したいかなる生物種も……現在は存在していない。第三紀に出現した哺乳類の多くはいまでは完全に絶滅していて、そのほかの種もいまではその近縁種しかいない。したがって、既存の生物に頻繁に追加されるだけでなく、明らかに生存に適さなくなった生物が頻繁に姿を消す、すなわち進歩とともにつねに入れ替わっているという事実がいやおうなしに推測され、関心をとらえられずにはいられない。これらの状況をすべて公平に考慮すると、これまで広く受け入れられてきたものとは少々異なる生物創造の考え方を想起せずにはいられない。

つまりこういうことだ。どうして神はのちに滅ぼすためだけに新たな生物種を作らなければならなかったのか？　その答えは、神は最初の引き金を引いただけで、その後は自らが定めた原理に従って物事が進むのに任せたからだ、ということになる。

……自らの心のなかからあふれ出した一つの自然原理を単純に定めることで、これらの無数の世界を形にした堂々たる神が、それらの世界のうちのたった一つに新たな貝や爬虫類を出現させるたびに自らいちいち手を下したなどと、どうして考えられるだろうか？　当然そのような考えはあまりにもばかげていて、一瞬たりともそれを抱くことはできない。

しかしチェンバーズは、神の計画が進行するということ以外、進化のプロセスのメカニズムをいっさい示さなかった。重要な点として、進化が環境などの外的条件の変化に応じて起こるとは理解していなかったのだ。また、進化を連続的に少しずつ起こるプロセスとはとらえておらず、(自身いわく)進歩は小さな跳躍の繰り返しで起こるという考えを受け入れていた。この考え方に影響を与えたかもしれない事実として、ロバートと兄ウィリアムは生まれつき両手両足の指が多く、幼い頃に手術で余分な指を切除していた。

正直なところ『創造の自然史の痕跡』には目新しい点は何一つなく、エラズマス・ダーウィンやウェルズやマシューの著作に通じた人にとってはけっして驚くような主張ではなかったことだろう。しかし彼らの著作に通じた人などほとんどいなかったし、チェンバーズは叙事詩の注や別のテーマの本の付録としてではなく、一冊の書物の主題としてこの考えを発表した。匿名であったことも、この本の神秘的な雰囲気作りに一役買った。『創造の自然史の痕跡』はベストセラーとなって世間を騒がせ、上流階級のあいだでも進化が会話の話題となった。ベンジャミン・ディズレイリやエイブラハム・リンカーンも読み、アルバート公もヴィクトリア女王に読み聞かせた。大衆紙や、さらには医学雑誌『ランセット』にいち早く掲載された書評も好意的だった。しかしその後、科学界や神学界の支配層の大物たちが次々と食ってかかってくる。

この本に対する数々の攻撃のなかでももっとも高飛車なものを加えたのが、ダーウィンに地質学を教えたケンブリッジ大学の元ウッドワード記念地質学教授で、このときはノリッジ大聖堂の律修司祭になっていたアダム・セジウィック師である。激しく腹を立てたセジウィックはチャールズ・ライエルへの手紙のなかで『創造の自然史の痕跡』を「邪悪な本」と呼び、「この著作は外見だけが立派で上品なので、女性の筆によるとしか考えられない」と記している。[25]さらにこの本に対する八五ページにもおよぶ辛辣な書評を書き、一八四五年七月に雑誌『エディンバラ・レヴュー』で発表した。そのなかで、「人間は神の姿に似せて作られたと説く聖書は作り話であって、人間はサルの子である」と教えられた読者（とくに「立派な乙女や婦人」）のことを心配している。このような書評の多くは匿名で発表されたが、セジウィックは自分が筆者であることを包み隠さず公表した。

それで逆にセジウィックは『創造の自然史の痕跡』を支持する人たちから攻撃を受け、議論がますます白熱した上に、「悪目立ちだって役に立つ」ということわざのとおり『創造の自然史の痕跡』の売り上げはさらに増えた。それから数十年のあいだに数えきれないほどの版や改訂版が世に出て、チェンバーズの死後、一八八四年にアレキサンダー・アイルランドが刊行した第一二版でついに著者の名が明かされた。

一九世紀末までに、『創造の自然史の痕跡』はダーウィンの『種の起源』よりもたくさん売れた。それは、『創造の自然史の痕跡』への反応を見て警戒したダーウィンが代表作の出版を一八五九年まで思い留まっていたからでもある。それでもダーウィンは、種の変化の概念全般に対するセジウィックの子細におよぶ批判の要点を、自分が未刊行の著作のなかですでに考慮して反駁（はんばく）してしまっていることに満足していた。ライエルへの手紙のなかでは、「セジウィックの批判はすでに織り込み済みで、その主張を一つも見過ごしていないことが分かってとても満足している」と記している。[26]それでもなお出版にこぎつける気にはならなかった。

『創造の自然史の痕跡』をめぐる騒動を見てダーウィンは殻に閉じこもってしまったが、別のある博物学者が自然選択の理論、あるいは法則へとつながる道を歩みはじめる。のちに自ら記しているとおりその若者は、チェンバーズの本を読んで初めて生物種の「変化」が起こると確信し、その考えを裏付ける証拠を探すことを目的とした野外調査の計画を立てようと考えた。その若者の名はアルフレッド・ラッセル・ウォレス、のちにダーウィンが殻から出て自分の考えを公にするよう仕向ける上で欠かせない役割を果たすこととなる人物である。

第5章　ウォレスとダーウィン

チャールズ・ロバート・ダーウィンとアルフレッド・ラッセル・ウォレスはほぼ同時期に、ある大きな概念をそれぞれ独自に思いついた。我々の知る進化論の根幹をなす、自然選択という概念である。それに関するどんな説明でもたいていはダーウィンが一番に取り上げられるものだが、『創造の自然史の痕跡』から直接バトンを引き継いだのはウォレスのほうだし、古代からダーウィンへとつながる鎖の最後の橋渡しをしたのもウォレスである。理屈の上ではウォレスの話のほうが先に来るし、そもそもどんな点から見ても、同時代のもっと有名な人物と同じくらい興味深い。

ウォレスは一八二三年一月八日、ウェールズのモンマスシャー州の町アスクの外れに立つ小さな家で生まれた。両親はイングランド人で、父トマス・ヴィア・ウォレスが徐々に資産を失ったことでこの地にたどり着いた。トマスの若い頃は、ジェイン・オースティンの小説に登場する脇役を彷彿(ほうふつ)とさせるような暮らしぶりだった。一七九二年に弁護士の資格を得るものの、年に五〇〇ポンドの不労収入があったおかげで弁護士として働く必要がなく、ロンドンとバスを行き来しながら放蕩生活を送っていた。しかし一八〇七年にメアリー・アン・グリーネルと結婚して子供を授かると、収入を増やそうと次々と投資に手を出すもののことごとく裏目に出てしまい、倹約の一環としてやむなくウェールズに移り住む。そしてアルフレッド五歳のとき、メアリーの出身地であるイングランドのハートフォードに一家で再び引っ越した（チャールズ・ダーウィンが文学士号を目指してケンブリッジ大学に進学したのと同じ頃である）。ウェールズ人はウォレスを同胞人だと言い張っているが、実際にはウェールズ生まれのイングランド人と呼ぶのが正しいだろう。ウォレス家は、当時たびたび起こっていた「選択」に苦しめられた。女の赤ちゃん一人を生後五か月で、二人を八歳と六歳で亡くしたのだ。アルフレッドは成人まで生き延びた六人の子供のうち二番目に年下で、兄のウィリアムとジョン、姉のエリザベスとフランシス（ファニーと呼ばれていた）、そして弟のハーバート（一八二九年生まれ）がいた。ハートフォードにやって来てまもない頃、アルフレッドはジョージ・シルクという少年と出会って生涯の友人となる。

ハートフォードでの生活は、初めの頃は比較的快適だった。アルフレッド九歳のときに姉のエリザベスが二二歳で世を去るが、自伝には、幼すぎてさほどショックは感じなかったと記されている。きょうだいのなかで年齢的にも親密さの面でも一番近かったのは、ジョンとファニーだった。父トマスは家庭教師の仕事で収入を補い、初めのうちは子供たちに十分な教育を施すことができた。測量士になるべく見習いに出たウィリアムは、その後ロンドンの大手建設会社に就職した。ジョンもロンドンの別の建設会社で見習いになり、ファニーはフランスのリールでフランス語を学んで教師を目指した。アルフレッドはハートフォード・グラマースクールの寄宿生になった。ところが一家の経済状態が再び悪化する。母メアリーが親から相続したいくばくかの資産を、自分と子供たちのためにと、義理の兄弟で弁護士のトマス・ウィルソンに預けて運用してもらっていた。ところがウィルソンが破産して裁判がこじれ、決着するまで何年ものあいだいっさい運用収入が得られなくなった。そのためアルフレッドは、下級生を教える代わりに学費（年間およそ二五ギニー）を免除してもらって何とか最終学年の勉強を終えた。しかしそれ以上教育を受けられる見通しが立たなかったため、一四歳の誕生日を迎える直前の一八三六年のクリスマスに退学して自活しはじめた。両親はホッジドンという町のさらに小さな家に引っ越し、アルフレッドはロンドンにいる兄のジョンのもとに身を寄せた。それは一八三七年、ヴィクトリア女王が戴冠した年のことである。その一年足らず前にダーウィンはイングランドに帰国して、すでに進化について思索をめぐらせていたが、トマス・マルサスの『人口論』を読んだのはその翌年のことだった。

アルフレッドはジョンの家で暮らしながら、「科学の殿堂」とも呼ばれる職工学校に夜ごと足を運び、本や雑誌を読んだり人と交わったりした。すでに博識だったのに加え、不公平な社会体制に関する考えを深めたり、この世の悪や苦しみと慈悲深い神の存在とをどのように折り合わせるかという難題に思索をめぐらせたりするようになった。しかしそんな自由な生活も夏には終わりを迎え、兄ウィリアムのもとで測量士としての見習いを始める。野外での仕事は楽しく、地質学や植物学をじかに学ぶことができたが、兄弟は何とか食っていけるだけの収入しか得られなかった。そのような生活は一八四四年初めまで途切れ途切れに続いた（その間にアルフレッドはいっとき時計師に弟子入りしたものの、すぐに辞めている）。この頃にウォレスはダーウィンの『ビーグル号航海記』やライエルの『地質学原理』を読んだ。一方のダーウィンはマルサスの著作を読んで影響を受け、ウォレスをはじめ誰にも知られずに、進化に関する自身の考えを何冊ものノートに書き込んでいた。そのなかの一冊には次のように記されている。

自然界の秩序のなかに開いている隙間に、適応したあらゆるたぐいの形態を力尽くで差し込んだり、弱い形態をむりやり引き抜いて隙間を作ったりしようとする、一〇万本ものくさびのような力が存在すると言えるだろう。このようにくさびが打ち込まれる究極の原因は、適切な形態を選び出して変化に適応させることであるに違いない。

一八三八年一〇月には次のように記している。

以下の三つの原理ですべて説明できるだろう。
一　孫は祖父母に似ている。
二　とくに身体的なものとして、小さな変化が起こる傾向がある。
三　子を多く産むかどうかは、親がどれだけ手を掛けるかに比例する。

一八四〇年代、ダーウィンもウォレスも転機を迎える。一八三九年にいとこのエマと結婚したダーウィンは、ケント州のダウン*という村に一家で身を落ち着けた。探検と冒険の日々はもう終わっていた。一方、ウォレスにとっての探検と冒険の日々はまさに始まろうとしていた。父親が一八四三年に世を去り、未亡人となった母親は家政婦として働かざるをえなくなった。測量の仕事も少なく、この年の末にウィリアムはアルフレッドをやむなく辞めさせた。ウィルソンとの裁判が決着して一〇〇ポンドという些細な額を相続したアルフレッドは、一八四四年一月、二一歳の誕生日に、ロンドンに住む兄ジョンのもとに身を寄せて仕事を探しはじめた。そうしてレスターの学校で教師としての職に就き、能力も適性も不十分でありながら、年におよそ四〇ポンドという、何とか暮らせるだけの収入を手にした。そしてそのレスターにある、本人いわく「素晴らしい町の図書館」で、アレクサンダー・フォン・フンボルトの南アメリカ探検記『新大陸赤道地方紀行』やマルサスの『人口論』など何冊もの書物を読んだ。またヘンリー・ウォルター・ベイツと出会って親交を築いた。ベイツはウォレスの二歳年下で、家業の下着工場で嫌々働きながら、余暇には甲虫やチョウの採集に熱中していた。ウォレスによると、レスターでベイツと出会ってマルサスの著作を読んだことが自分の「転機」になったという。

教師の仕事は長くは続かなかった。次の冬、兄ウィリアムが、夜中に吹きさらしの三等客車に乗っていて風邪を引いた。それが肺炎へ悪化し、一八四五年三月に世を去った。ウェールズの町ニースでウィリアムの葬儀を終えたアルフレッドは、兄の事業を整理していて、その事業が思ったより儲かることに気づいた。そこで自ら進んで教師を辞めてウィリアムの事業を引き継ぎ、鉄道ブームに乗じて手を広げて成功を収め、一八四六年にはジョンを呼び寄せるまでになった。二人は家を借り、母親とハーバートも一緒に住まわせた。その頃ファニーはアメリカのジョージア州メーコンで教師の仕事をしていた。

＊ダーウィンの暮らしていた家は現在ダウンハウスと呼ばれている。

アルフレッドとジョンの兄弟は、鉄道予定地の測量をおこなうとともに何棟(なんむね)かの建物の設計や建設もおこなった。そのうちの一棟(とう)であるニースの職工学校の新校舎はいまも残っている。標本採集に割く時間もふんだんにあり、アルフレッドは地質学や植物学の独学を続けた。一般向けに科学の講義もおこない、一八四七年四月には自身初の科学論文として、カルドゥウス・ヘテロフィルスというチョウの一種を捕獲したことを学術誌『ズーロジスト（動物学者）』で報告した。しかしその後の人生にとってもっとも意味のある出来事は、兄ウィリアムの死後、ニースでもう一人の兄ジョンと手を組む前の一八四五年に、あの『創造の自然史の痕跡』を初めて読んだことだった。ベイツに宛てた手紙には次のように記されている。

軽率に一般化すべきではないと思うが、この独創的な思索はいくつかの際立った事実や類推によって強力に支持されるものの、さらなる事実によって証明されるまでには至っておらず、将来の研究者がこのテーマにさらなる光を当ててくれるかもしれない。ともあれこのテーマには、あらゆる自然観察者が関心を向けるはずだ。観察した事実はいずれも、このテーマに合致するか矛盾するかのいずれかであるはずで、このテーマは事実の収集を促すとともに、収集した事実を当てはめる対象ともなる。

ウォレスはローレンス著『生理学、動物学、および人間の自然史に関する講話』も読み、一八四五年一二月にベイツに宛てた手紙のなかで、「人種の多様性は何らかの外的要因によって生じたのではなく、何人かの個人の持つ特有の特性が人種全体に広まることで生じた」というローレンスの主張を紹介している。

同じ一八四五年、ダーウィンの『ビーグル号航海記』の改訂版が出版された。その追記のなかでもとくに注目すべきが、ガラパゴス諸島で見つけたフィンチの多様性とその起源の謎に関する記述である。この新版を読んだウォレスは、ダーウィンによる次の言葉に気づかなかったはずがない。

互いに近縁である鳥の小さなグループのなかにこのような漸進的相違（グラデーション）と多様性があるのを見ると、もともと鳥がほとんどいなかったこの諸島に一つの種が棲み着いて、さまざまな目的に合わせて変化していったのだと想像できるかもしれない。

このときイングランドのバートン＝オン＝トレントの醸造所で事務員として働いていたベイツが、ウェールズにウォレスを訪ねて一週間過ごしている最中、二人は一緒に探検旅行に出るという、ウォレスいわく「かなり無謀な計画」を初めて思いついた。「収集家として熱帯地方を訪れようという決意を固めたのは、ダーウィンの『ビーグル号航海記』と……フンボルトの『新大陸赤道地方紀行』を読んで心を掻き立てられたからだった」とウォレスは記している。無謀だったかどうかはさておいて、ウォレスがこの計画を心のなかにはっきりと思い描いたのは一八四七年秋、アメリカから帰国した姉と会うためにロンドンへ行ったときのことだった。大英博物館のコレクションを何時間もじっくりと見学し、ファニーとともにパリへ行った際にはパリ植物園でさらに長い時間を過ごした。帰国する頃には、探検旅行のアイデアはそこまで無謀ではなくなっていたようだ。ファニーが実家に戻ってきて写真家のトマス・シムズと交際を始めたことで、ウォレスの母親も周囲からよく面倒を見てもらえるようになった。しかし測量の仕事はあまり儲からず、ジョンは酪農業を営む決心をしていた。そうしてウォレスは蓄えの一〇〇ポンドを自由に使えるようになり、残る問題は行き先を決めることだけだった。しかしベイツはそこまで自由の身ではなく、渋る父親からようやく探検への支援を引き出すことができた。それでも二人の旅費の当ては、探検中に収集した動植物をロンドンの代理人に送って売ってもらうことしかなかった。

二人は目的地をアマゾンに定め（一八四七年に出版されたウィリアム・エドワーズ著『アマゾン川を上る船旅』から影響を受けた）、サミュエル・スティーヴンズを代理人に立て、キュー植物園園長のウィリアム・フッカーを訪ねて助言をもらった上で、自分たちが正真正銘の科学的収集家であることを証明する手紙を書いてもらった。そうして一八四八年四月二六日、リヴァプールから旅立った。ウォレス二五歳、ベイツ二三歳だった。ウォレスの自伝には次のように記されている。「この探検に出発する前から、種の起源という大問題がすでに心のなかにはっきりと刻まれていた。……自然界の事実を入念にくまなく調べれば、最終的にこの謎の答えにたどり着くはずだと堅く信じていた」

旅立つウォレス、書くダーウィン

ウォレスがその謎の答え、つまり自然選択の法則の発見につながる最初の探検に出発した頃、ダーウィンは自身の理論をほぼ完成させていながらも、それを発表できる状況にはなかった。イングランドに帰国してからというもの、旅行記や、サンゴ礁に関する本など地質学研究に関する著作を執筆したり、結婚して家庭を築いたりと、息つく暇もなかったのだ。それでも丹念にノートを取ってそれをすべて保管してくれていたおかげで、ダーウィンの考えが固まっていった経緯がはっきりと記録に残されている。一八四二年には、進化に関する自身の考えの短い「概略」を鉛筆書きで書き留めた。そして一八四四年、このテーマに関する本の執筆に時間を割けるようになるのは何年も先のことだろうと気づき（ライエルの全三巻の大作『地質学原理』が念頭にあった）、完成前に自分が死んだ場合に備えてもっと正式な文章を用意しておくことにした。姉エリザベスと兄ウィリアム、そして幼くして世を去ったきょうだいたちの運命がまざまざと物語っていたとおり、一九世紀半ばのイングランドではそのような死後の備えは理にかなっていた。その正式な文書は長さ二三〇ページの小論文としてまとめられ、村の学校の教師がダーウィンに代わって見事な筆跡でインク書きしてくれた。それは一八四四年七月、『創造の自然史の痕跡』が出版される直前のことだった。しかしその本の受け止められようを見てダーウィンは、反論の余地のない大量の証拠に裏付けられた詳細な説明を与える時間ができるまで、自分の理論を正式に公表するのは差し控えようという思いをますます強くした。扇情的な俗説に反して、そこには秘密など一つもなかった。村の教師ですらダーウィンが何を考えているかを知っていたし、ダーウィンも親友や同業の学者と進化や自然選択について議論している。しかも自分の考えが忘れ去られることのないよう、妻に宛てたいまでは有名な手紙のなかで、もしも最悪の事態が起こったらこの小論文をどのように扱ってほしいかを次のように指示している。

私の種の理論の概略をちょうど書き終えたところだ。私が信じているとおり、いずれこの理論が誰か有能な評論家に受け入れられたら、科学は大きな一歩を踏み出すはずだ。そこで、私が突然死んだときに備えて、もっとも重大な最後の頼みとして、……四〇〇ポンドを費やしてこれを出版してほしい。……この概略が誰か有能な人物に託され、その人物がこの要点を踏まえてその改良と拡充に尽力してくれることを願う。

歴史学者のジョン・ヴァン・ワイエが指摘しているとおり、この「概略」には「改良と拡充」ができるよう意図的に広い余白や空白ページが取られているし、ダーウィンもそれを、まだ出版には至らない草稿にすぎないとはっきりみなしていた。

その後ダーウィンは進化の研究を棚上げにして別の課題に取り組み、ビーグル号での航海に基づいて地質学に関する文章を書き上げた上に、それから一〇年間も必死で取り組みつづけることとなる研究計画に乗り出した（取りかかったときにはそこまで長い年月がかかるとは予想もしていなかった）。それは蔓脚（まんきゃく）類（フジツボなどの甲殻類）の研究で、自然史に大きな貢献を果たすこととなる。もしもその途方もない研究の最中に心が折れかけることがあったとしても、一八四五年九月に植物学者のジョーゼフ・フッカー*が発した、あるフランス人植物学者の研究に対する批判の言葉に奮い立たされたことだろう。

ひとかどの博物学者の何たるかも知らずにこのテーマを自分勝手な形で扱う人物などから認められたくもない。[27]

この批判はくだんのフランス人植物学者だけでなく、『創造の自然史の痕跡』の著者にも当てはまっただろう。一八四五年の時点ではダーウィンも、世間では自分はあくまでも地質学者として知られているだけで、ひとかどの博物学者、つまり生物種を詳細に調べる人物ではないことを十分に自覚していた。[**] フッカーに宛てて次のように記している。

数多くの生物種を詳細に記述したことのない人物に生物種の疑問を探る権利などほとんどないという君の意見は、私の心にひどく突き刺さる。

蔓脚類の数多くの種を詳細に記述し、全三巻の大著を書き上げて一八五四年に出版したダーウィンは、ひとかどの博物学者の仲間入りをして、必要となれば生物種の疑問に取り組む権利を手にしたはずだった。ところがその疑問は棚上げにしていた。一方、ウォレスがアマゾンに旅立った最大の理由は、十分な金を稼いでイングランドで紳士階級の博物学者として身を固めることだったが、第二の理由は種の起源の問題を解決することだった。すでにダーウィンがそれを解決していることなど知るよしもなかった。

ウォレスとベイツは一八四八年五月末にブラジルに到着し、しばらくのあいだ行動をともにして、ベイツが昆虫採集をする一方、ウォレスは樹木を含む植物の標本を収集した。また同時代の

＊ジョーゼフ・フッカー（一八一七－一九一一）はウィリアム・フッカーの息子で、当時もっとも影響力のある博物学者の一人となった。
＊＊とはいえ一八五三年一一月三〇日には、地質学と蔓脚類の研究により王立協会メダルを受賞する。

人々と同じく、収集活動の一環として野生動物を無分別に撃ち殺した。しかも収集のためだけでなく、ウォレスは幼いサルを殺して調べ終えたら、それを捨てずに「持ち帰り、ぶつ切りにして焼いて朝食にした」[28]。収集活動は順調に進んだ。イングランドに最初に送った貨物には、スティーヴンズに売却してもらうための昆虫の標本三六三五体（一三〇〇種）と植物が木箱一二箱分、および、キュー植物園に買い取ってもらえることを願ってウィリアム・フッカーに宛てた標本箱が一箱含まれていた。トカンティンス川をさかのぼる探検によって貨物がさらに増えたため、スティーヴンズは学術誌『自然史紀要雑誌』に、「パラ地方で収集されたきわめて希少な種やいくつかの新種を多数含む……二件の美しい貨物を……民間契約で売却する」という広告を打った。

このように探検は順調だったものの、約九か月経った頃にウォレスとベイツは別れてそれぞれ別々に収集を続けることにした。どちらも理由は記していないし、二人は友人でありつづけたが、四六時中そばにいることにさすがにうんざりしはじめたのだろう。その頃にはウォレスは鳥も熱心に収集していて、上流へさらに長い探検に出る準備を進めていた。また実家に宛てた手紙のなかで、弟のハーバートにブラジルに来たらどうかと勧めた。ニースでは先行きの見えなかったハーバートもその誘いに喜んだ。兄のジョンは一攫千金を狙ってカリフォルニアの金鉱地に向かおうとしていたし、ファニーはトマス・シムズと結婚してイングランド西部のリゾート地ウエストン＝スーパー＝メアへ引っ越していた。ハーバートはファニーに宛てて、「僕たちは離散家族となる運命にある」と書き送っている。

ハーバートは一八四九年六月七日にパラ地方へ向けて旅立ち、偶然にもその船に同乗していた博物学者のリチャード・スプルース（一八一七－九三）はのちにアルフレッドの生涯の友人となる。ウォレスとベイツとスプルースはしばらくのあいだ同じ地方で収集をおこなって、博物学者たちに十分すぎる数の標本を提供した。この地域でのウォレスの探検は彼のもっとも重要な研究へとつながるが、ここではその探検の詳細に立ち入る余裕はない。スプルースについては拙著『Flower Hunters（花を求めて）』のなかで取り上げていて、ウォレスもスプルースとかなり似た体験をしている。

アルフレッドとハーバートの兄弟は何か月か行動を共にし、一八五〇年夏にはネグロ川とアマゾン川が合流するバーラ（現在のマナウス）に到着した。ベイツとウォレスは紳士協定を結び、ウォレスがネグロ川をコロンビアの山岳地域までさかのぼり、ベイツがアマゾン川上流部を探検することになった。しかしハーバートは、自分には生物採集は合わないと気づき、帰国する船に乗るべく川を下ってパラ地方まで戻った。ところがその決断が不幸を招く。船を待っている最中に熱病にかかって命を落としたのだ。ネグロ川のはるか上流にいたアルフレッドがそれを知らされたのは何か月も後のことだった。

一八五〇年九月に上流へ向けて出発した頃には、ウォレスの南アメリカ滞在も二年間におよんでいて、探検のコツも身につけていた。貿易船の乗客として出発して、途中でカヌーに乗り換え、さらに徒歩に切り替えて（現地で次々に人夫を雇って荷物を運ばせた）、最終的にコロンビアとベネズエラとブラジルの国境が交わる山岳地帯に到達した。ヨーロッパ人にとってけっして未知の土地ではなかったものの、得られている情報は五〇年前のフォン・フンボルトの探検によるものに限られていた。この地域は、下流でアマゾン川に合流するネグロ川の流域と、北に向かったのちに東へ方向を変えてベネズエラを横切るオリノコ川の流域とを分かつ分水嶺になっている。

ウォレスは隔絶されたこの地にたどり着くまでに、収集した標本を可能な限り下流に送り、その先はスティーヴンズに運んでもらった。その収集標本と、バーラへの帰途の途中に収集する標本によって、もくろみどおりイングランドで腰を落ち着けられるだけの金を稼げるはずだった。

ウォレスは一八五一年九月一五日、上流へ旅立ってからほぼ一年後にバーラに戻ってきた。するとそこで、ハーバートが黄熱病にかかったことを知る。ハーバートは六月八日に二二歳で命を落としていたのだが、その知らせはバーラにはまだ届いていなかった。ウォレス自身もその頃、マラリアと思われる病にかかっている。幸いにもスプルース*が一八五一年末から五二年初めにかけてバーラを拠点としていて、快方に向かったウォレスとともに進化を含むさまざまなテーマをめぐって長時間議論した。回復したウォレスは最後にもう一度上流部を探検したのち、収集した品々を携えて大西洋岸を目指し川を下りはじめた。そのなかには、前年に送るはずだったが書類の不備で足止めされていた四つの大きな木箱も含まれていた。

ウォレスはパラで帆船ヘレン号に荷物を積み込み、一八五二年七月一二日に出港した。しかし出港直後に再び熱病に倒れ、徐々に回復するあいだほとんど船室で過ごした。そして出港から三週間後、ほぼすべてゴムで占められていた貨物室で火災が発生した。船員と乗客は船から脱出して救命ボートに乗り込み、帆船が火に包まれていくのをじっと見つめた。ウォレスの収集した品々とともに、それまでのライフワークの成果と何不自由のない未来への見通しが煙と化した。強い日差しを浴びて海水でずぶ濡れになり、食料も不足して絶望的な状況で一〇日間漂流した末に、生存者たちはジョーデソン号に救出された。ところがその船は古くてスピードが遅く、船底から水漏れもし、ヘレン号から救出された人たちはおろか船員たちの食料もけっして十分ではなかった。

災難はけっして終わってはいなかった。ウォレスが自伝のなかで生々しく描いているとおり、航海も終わりに近づいた九月二九日、イギリス海峡にさしかかったところで激しい嵐に遭い、船が危うく転覆しかけた。それでもウォレスは、パラを出発してから八〇日後の一八五二年一〇月一日、着の身着のままの恰好でイングランド南東部のディールに上陸した。しかし思ったほど悲惨な状況ではなかった。スティーヴンズが貨物に二〇〇ポンドの保険を掛けてくれていたのだ。一生暮らすには十分でなかったが、新たな探検旅行を計画するあいだ何とか乗り切れるだけの額ではあった。そしてその計画を立てる上では、ロンドンの科学界と個人収集家のあいだでウォレスの名がある程度知れ渡っていたことが役立つこととなる。

科学者のあいだでウォレスが知られていたのは、スティーヴンズが当時の慣習どおり、ウォレス（およびベイツ）からの手紙の一部を抜粋して『自然史紀要雑誌』や『ズーロジスト』などの学術誌で発表してくれていたからだった。のちにこの慣習は、ウォレスとダーウィンに関する話においてきわめて重要な意味を帯びてくる。ウォレスは昆虫学会の準会員となり、一八五三年の会合で論文を二本発表した。二度目の探検旅行の資金を確保するには、ロンドンに留まる以外になかった。兄のジョンはいったんイングランドに帰国して結婚したのちカリフォルニアに戻ってしまっていたし、トマス・シムズのカメラマン稼業も不調だった。そこでアルフレッドはロンドンのリージェント公園の近くにある自宅に母親とファニー、そしてトマスを住まわせ、自分は将

＊ハーバートの死の知らせをウォレスに伝えたのはスプルースである。

来の計画を練っていった。その第一段階として、名前を売るために『アマゾン川とネグロ川のヤシ』という小本を自費出版し、さらに収益のなかから配当を得る契約で『アマゾン川とネグロ川の旅行記』を出版したものの、九年間にわたって収益は上がらなかった。また知識を磨くために、大英博物館（あるとき同じく訪れていたチャールズ・ダーウィンに紹介された）や、代表的な学術団体の一つであるリンネ協会、さらにはキュー植物園の収蔵室や図書室を訪れ、一八五二年一二月には動物学会でトマス・ヘンリー・ハクスリーの講演を聴いた。もしも金銭的支援が得られたら次はどこへ行くべきか、それが重要な問題となった。

ウォレスはどうやら二つの出来事から影響を受けて、探検旅行の行き先をマレー半島に決めたらしい。ヴァン・ワイエは次のように指摘している。一七九七年に生まれたウィーン在住のイダ・ラウラ・ファイファという非凡な女性が、夫を亡くしたのちの一八四二年にマレー半島を旅して貴重な標本の数々を収集し、それをスティーヴンズが取り扱っていた。ファイファはさらにパレスチナ訪問やヨーロッパ周遊ののち、一八四六年から四八年にかけて世界一周してその体験を一冊の本にまとめた。一八五一年には二度目の世界一周に出発し、極東から送った昆虫の標本の一部をスティーヴンズが代わりに売却した。ファイファは一八五四年にヨーロッパに戻り、一八五五年に二冊目の本を出版して、その三年後にウィーンで世を去った。そんなファイファが得た知見をスティーヴンズがウォレスに話したのは間違いないだろう。ウォレスはまた、スティーヴンズを通じて裕福な収集家のウィリアム・ウィルソン・ソーンダースと知り合い、次の探検で収集した昆虫標本をソーンダースがまとめて買い取ってくれることになった。一八五三年初め、ウォレスを東方へ向かわせる第二の出来事が起こる。「サラワクの白人王」との異名を持つ、やはり非凡なジェイムズ・ブルック卿（一八〇三－六八）と知り合ったのだ（その経緯ははっきりとは分かっていない）。

ブルックはインドで裕福なイギリス人の両親から生まれた、いわばイギリスによるインド統治の産物だった。財産を相続して帆船を購入し、ブルネイの君主が反乱を鎮圧するのにたまたま手を貸した。するとその見返りに、大きなボルネオ島の一角を占めるサラワクの藩王（はんおう）の称号を与えられ、その地域の支配に乗り出した。そして建前上はブルネイ君主に忠誠を尽くしながら、この地域をシンガポールのような自由港に仕立て上げた。またイギリスの在ボルネオ総領事を務め、一八四七年にはナイトの称号を与えられた。ブルックによるサラワクの統治は、第二次世界大戦中の日本の進出まで続いた。ブルックはジョゼフ・コンラッドの小説『ロード・ジム』のモデルにもなったし、ラドヤード・キップリングもブルックから着想を得て小説『王になろうとした男』を書いたのではないかといわれている。そんなブルックが一八五三年春にイングランドに滞在し、戻る直前の同年四月に手紙でウォレスをサラワクへ招待するとともに、臣民にウォレスを丁重にもてなすよう通達を出してくれた。残るは東方へ行く術（すべ）を見つけることだけだった。

東方へ、そして再び進化論へ

一八五四年二月二七日に王立地理学会の正会員に選出されたウォレスは、同学会の計らいで英国海軍の艦船フロリック号に無償で乗船させてもらえる約束を取り付けた。そして同年、実際に乗船までこぎつけたものの、クリミア戦争の勃発によってフロリック号の任務が変更され、船は黒海に向かうことになってしまう。ウォレスは急いで荷物を下ろし、別の船を辛抱強く待つ羽目になった。しかし待った甲斐があった。王立地理学会の会長ロデリック・マーチソン卿が、海運会社P&Oの外輪船ユークシン号で出発して途中で次々に船を乗り換える最上級の旅を手配してくれたのだ。そうして余裕ができたウォレスは、一四歳のチャールズ・アレンを助手として同行させた(さほど役には立たなかったが)。二人は一八五四年三月四日に出発した。ウォレスがイングランドに戻ってきてから一八か月足らずしか経っていなかった。

ウォレスのマレーシアまでの船旅は、現代の目から見ると時間がかかって遠回りだったようにも思えるが、一八五〇年代当時としてはスピードと(おもに)優雅さにかけてはありふれたものだった。そのわずか二〇年前にダーウィンが小さな帆船で世界一周したときの状況は、一八世紀末から一九世紀初めにネルソン提督に仕えた海軍将校や、さらには一〇〇年前の英国海軍の将校とたいして変わらなかっただろう。一方ウォレスはユークシン号で快適に旅をし、一八五四年三月二〇日にエジプトのアレクサンドリアに到着した。そして高級ホテルにしばらく滞在してアレクサンドリアを観光したのちに、運河を通ってカイロに到着し、そこから陸路でスエズへ向かった。乗客を運んだのは、大きな車輪が二つ付いていて四頭の馬に引かれた乗合馬車で、馬の休憩と交換のためにたびたび停車した(その数週間後にカイロとスエズを結ぶ鉄道が開通し、一八六九年にはスエズ運河が開通する)。スエズで彼らを待っていたのは、乗客一三五人を乗せて最上級の船旅を提供できる一軸スクリューの大型定期船ベンガル号だった。ウォレスとアレンはこの船でセイロン(現在のスリランカ)のガルまで行き、そこから外輪船ポッティンジャー号に乗り換えて、イングランド出発から約六週間後の一八五四年四月一八日にシンガポールに到着した。南アメリカから帰国したときとは大違いの船旅だった。重い荷物や機材はもっと安価で時間のかかる喜望峰回りのルートで運ばれ、遅れて七月に到着した。

シンガポールでウォレスは、ジャングルに近い郊外のブキッティマ丘陵にしばらく滞在して昆虫を採集した。ちょうどその頃、島の二つの中国人コミュニティーのあいだで、のちに中国人暴動と呼ばれるいさかいが起こって数百人の死者を出していたが、ウォレスはその混乱には巻き込まれなかったらしい。その後マラッカを訪れ（再び熱病に冒されてキニーネを大量投与された）、九月にシンガポールに戻ってきた。この頃ブルック藩王も、行きすぎた海賊取締行為について調査する委員会から召喚を受けてシンガポールに滞在していた（のちに嫌疑は晴れる）。その調査に当惑しつつもウォレスとの再会には喜び、自身の不在中にサラワクを任せている甥のジョン・ブルックに宛てた、自分が戻るまでウォレスをもてなすよう指示する旨の手紙を託した。そうしてウォレスと若い助手（ウォレスが自宅に送った手紙によると、能力は高いもののかなり無精だった）は、一八五四年一〇月一七日、ボルネオを目指して帆船ウィーラフ号で出発した。

その頃ダーウィンはというと、蔓脚類の研究に片をつけて再び進化の問題に関心を向けはじめていた。この頃のダーウィンがいつ何をしていたかも正確に分かっている。九月九日の日記には「種の理論のためにノートを整理しはじめた」と記されているし、自伝によると「一八五四年九月からすべての時間を費やして膨大なノートの山を整理し、種の変化に関する観察や実験を始めた」という。その研究では、人為選択の一例としてハトの品種改良をおこなったり、考えを整理するために世界中の知人にさまざまな生物の標本を提供してくれるよう頼んだりした。その知人の一人がアルフレッド・ウォレスだった。

ウォレスが正確にどこで何をしていたかは、ダーウィンほど完全には分かっていない。サラワクでの最初の数か月間の記録を含めウォレスのノートの一部は失われてしまっているし、のちほど述べるとおり、残っている記録も日付が不正確であることが知られているからだ。だが正直なところ、何週間も何か月も文明から遠ざかっているときに日付を把握しておくことなど難しかったに違いない。とはいえ、ウォレスとアレンが道なきジャングルのなかで孤独に過ごしていたというイメージは正しくない。採集作業のために地元の人を大勢雇っていたし、キャンプで比較的快適に過ごせるよう召使いもいたし、採集作業を効率的に進めるために可能な限りロンドンに標本を送っていたのだ。

ウォレス本人が書いた旅行記は読みやすくて愉快だが、読者を楽しませようとするあまり冒険の要素を誇張しているのは間違いない。ピーター・レイビーによる伝記にはウォレスの生涯が見事にまとめられている。しかしマレー半島でのウォレスの実際の活動についてはヴァン・ワイエの説明に勝るものはなく、入念な調査に基づいて重要な出来事の実際の日付や場所ができる限り再現されている。

サラワクでの最初の重要な出来事が起こったのは一八五五年二月、雨期で採集活動ができなかったため、滞っていた読書を進めながら、『変化の有機的法則』という仮題をつけた本の執筆に向けてノートを取りはじめたときのことだった。読んでいた文献の一つが、地質学会会長エドワード・フォーブズが一八五四年二月一七日に講演のなかで発表した論文で、印刷されたものがその一年近くのちにウォレスのもとに届いていた。このなかでフォーブズは、神による万物創造の説に少々手を加えたものを提唱していて、ここでその詳細に立ち入る必要はないが、ウォレスはそれをあまりにばかげていると感じて、反論する論文を書く気になった。その論文『新種の導入を司ってきた法則について』は、サラワクからシンガポールを経て二月一〇日にウィーラフ号で運ばれたか、またはスティーヴンズに送った次の貨物とともに三月六日に帆船ディド号で運ばれて（こちらのほうが可能性が高い）、一八五五年八月に『自然史紀要雑誌』に掲載された。

フォーブズは、化石記録の変遷を進化の証拠としてとらえられるという考え方を鼻であしらっていた。そこでウォレスは、現在の地球上の生物は「長く途切れなく続いた一連の変化」の産物であると論じた上で、「化石記録によると軟体動物や放射動物は脊椎動物よりも以前から存在していたし、魚類から爬虫類や哺乳類へ、さらに下等哺乳類から高等哺乳類へと進歩してきたことにも疑問の余地はない」と指摘した。さらに、互いに近縁の種が空間的にも時間的にも近接して存在しているという地理的分布の重要性を強調して、「一つの種や属が遠く離れた二か所に生息していて、その中間の場所に存在していないような例は一つもないし」、地質学的記録のなかでのちに出現した種が同じ地域にかつて生息していた絶滅種ときわめて似ているような例もあると論じた。だがその進歩は必ずしも一本道を通って進んできたわけではなく、「共通の祖先からたびたび二つ以上の種が互いに独立に形成されてきた」。そのため進化は、「分岐したり多数に枝分かれしたりする線」に沿って進むと考えるのがもっともふさわしい。枝分かれした生命の木というこのイメージは、ダーウィンも独自に考えついている。

しかしウォレスは慎重を期して、この論文のなかで「進化」という単語の使用を避けている。とはいえ、枝分かれした木のたとえは生物種の「連続的な創造」を表現していて、その創造には必ずしも神の介在は必要なく、自然のプロセスによって進むものとして理解できるとは述べている。またある種から別の種から生まれるメカニズムこそいっさい示していないものの、次のように記している。

地球上に棲む生物を司ってきた偉大な法則とは、次のようなものである。……すべての変化は徐々に起こり、以前存在していたどんな生物とも著しく異なる新たな生物が作られることはなく、そのなかには自然界のすべてのものと同じく漸進性（グラデーション）と調和が存在する。

進化が跳躍の繰り返しによって起こるという考えからは大きく前進している。ウォレスは次のように結論づけている。

すべての生物種は、きわめて類似した既存の生物種と空間的にも時間的にも一致するところに出現してきた。

この結論は「サラワク則」と呼ばれている。ウォレスはこの論文のなかでこそ、古い生物種からその子孫として新たな生物種が出現するという考えには言及していないものの、自身のノートやベイツへの手紙のなかでは、これを種の継承の法則、あるいは縮めて種の継承と呼んでいる。この考えは詳細に示されてはいなかったものの、見抜く力を持った人たちにとっては明白だった。そのような人物の一人であるチャールズ・ライエルはいたく感銘を受けて、一八五五年一一月に自身も生物種に関するノートを書きはじめ、その一ページめの冒頭に「ウォレス」の名を挙げている。またダーウィンに宛てて、この論文を勧める手紙を書いている。

ダーウィンは初め、「創造」という言葉を神の介在を意味するものと受け止め、そこまでは感銘を受けなかった。ウォレスの論文の写しの余白には、親から子へ系統がつながることを「発生」と表現した上で、「創造を発生と書き換えるのであればまったく同感だ」と書き込んだ。ところが『種の起源』には、「［ウォレスが］それは変化を伴う発生によって起こると考えていることを、手紙を通じて知った」と記している。

ダーウィンが最初にこの論文を読んだときにこの点に気づかなかったというのは、何とも奇妙だ。というのも、ウォレスはダーウィン自身がガラパゴス諸島で観察した事柄を例として挙げているのだから。

別々の島にそれぞれ固有の種が棲んでいることを説明するには、最初にこの諸島全体に移住してきた同じ種から、それぞれ異なる変化をした先駆的個体が作られたと仮定するか、または、それぞれの島に順番に移住していって、既存の設計図に従ってそれぞれ新たな種が作られたと仮定するほかない。

さほど想像力がなくても、その「設計図」が世代から世代へ、親から子へと受け渡されて、その間に変化していくと考えることはできる。ヴァン・ワイエが述べているとおり、ウォレスは実際に進化論の肩を持つのではなく、この証拠を「進化の説明と完全に合致するような形で」挙げたにすぎない。どのような反応が返ってくるのか様子をうかがおうとしたのだ。しかもウォレスはこのとき、単なる採集者でなく科学者としての地位を確立しようとしていた。すべて、執筆予定の本のための準備だった。
しかし当時この論文はさほど反響を得られず、*ウォレスは途方に暮れた。自説を示す上で慎重になりすぎたからかもしれない。それでも遅ればせながらダーウィンから反応があり、二人のあいだで交わされた手紙として現存する最初のもののなかに次のような記述がある。一八五七年五月、いまでは失われている手紙に対するダーウィンの返事である。

あなたからの手紙と、さらに一年以上前に紀要に掲載されたあなたの論文によって、私たちはほとんど同じことを考えていて、ある程度似たような結論に達しているとはっきり分かりました。紀要に掲載された論文に関しては、あなたの言葉がほぼすべて真実であることにうなずけます。あえて言うと、理論的な論文で意見がほとんど一致するなどきわめて稀だということには、あなたも同感でしょう。嘆かわしいことに、人はまったく同じ事実からそれぞれ異なる独自の結論を引き出してしまうものですから。……
種や変種どうしがなぜどのようにして異なるのかという疑問について、私が一冊目のノートを書きはじめてから、この夏で二〇年目（！）になります。――現在、その研究結果を出版する準備を進めていますが、あまりにも大きいテーマなので、すでにいくつもの章を書き終えているものの、あと二年では印刷に回せないと思います。

一部の解釈によると、ダーウィンは進化に説明を与えることを自分一人だけの役目とみなしていて、経験の浅い若造は手を出すなとウォレスに警告するためにこの一節を書いたとされている。

しかしそれは信じがたい話だし、ダーウィンの性格とも合わない。**ウォレスも一八五八年一月四日にベイツに宛てて、この手紙について次のように触れている。

このテーマに関してあまり深く考えたことのない人は、「種の継承」に関する私の論文を、君と違って明快だとは感じないのではないかと恐れている。もちろんこの論文は、この理論を単に発表しただけで、発展させたものではない。このテーマ全体を含んだ著作の計画を立てていて、すでに一部を書いている。……とても嬉しいことにダーウィンが手紙で、私の論文の「ほぼすべての言葉」に同意すると言ってくれている。彼は現在、二〇年にわたって収集してきた資料に基づいて、「種と変種」に関する大著を準備しているところだ。自然界では種の起源と変種の起源のあいだにいっさい違いがないことを彼が証明してくれて、私は自分の仮説の第二の部分をわざわざ書き起こす必要がなくなるかもしれない。あるいは彼が違う結論に達して、私は困った事態に陥るかもしれない。しかしいずれにせよ、彼の示す事実は私の研究の礎になるだろう。

＊少なくともベイツは論文の主旨を理解して、ウォレスに宛てて次のように書いている。「この考えは真理そのもののようで、あまりに単純かつ自明なので、これを読んで理解した人はその単純さに感銘を受けるだろう。それでも完全に独自のものだ」。ハクスリーがダーウィンの理論を初めて知ったときの反応とおもしろいほど似ている（二〇三ページを見よ）。

＊＊以前の拙著でも、この手紙をウォレスへの警告と誤って解釈していた。しかしいまでは、そのようなものではなかったと確信している。

ウォレスの言う「自分の仮説の第二の部分」とは、ダーウィンが「発生」と呼んだ考えにほかならない。ウォレスは一八五八年初めの時点では、まだ自然選択の概念を思いついていなかったのだ。ダーウィンの手紙を深読みする理由などどこにもない。もちろんウォレスも尻込みせずに進化に関する自身の考えを膨らませつづけたが、一八五五年の雨期が明けるとそれを棚上げにして、再び採集活動を最優先にした。しかしその活動に戻る前にウォレスは、ライエルが「種のバランス」と呼んでいるものに関する自分の考えをノートに書き記している。「それはバランスではなく、一方がもう一方を根絶やしにする戦いである」と感じたのだ。

進化の「発見」

ウォレスは一八五五年の三月から九月までの期間をボルネオでの収集活動に費やし、(人間を除いて)アフリカ以外に暮らす唯一の大型類人猿であるオランウータンにも遭遇した。また雇っていた採集者の一人が、足に大きな水かきが付いていて木の上から滑空できる(少なくともゆっくり落下できる)トビガエルの一種を捕まえてきた。西洋の科学界には知られていなかった種で、ウォレスが「発見」したものとみなされ、いまでもウォレストビガエル(ワラストビガエル)と呼ばれている。

しかしウォレスはこの収集活動の最中に片足を怪我して、七月初めから八月の途中まで屋外に出られなくなり、雇っていた採集者たちに収集を続けさせた。そこでそれを機会に、生物種についてもっと深く考えるとともに、ライエルの『地質学原理』を改めて読み返した。ウォレスは次のように記している。

地球とそこに棲んでいる生物の現在の状態は、ずっと作用してきていまも作用しつづけている原因によって直前の状態が変化したことによる自然の結果であると信じざるをえない。

ウォレスはまた、祖先が絶滅しなくても新たな種が出現しうることに気づいた。

……発展の理論において求められるのは、下等生物のグループの標本がもっと高等な生物のグループよりも前の時代に現れることだけである。

「ヒトがサルから進化したというのなら、どうしていまでもサルがいるのか」と突っかかってくる人がいまだにいる。一方からもう一方が進化したのではなく、どちらの種も共通の祖先から進化したという事実はさておいて、ウォレスのこの言葉はその批判を一刀両断にしている。ウォレスは、「イヌの二つの品種［グレイハウンドとブルドッグ］どうしの違いよりも、ロバとキリンとシマウマの違いのほうがより本質的なのだろうか」と問いかけた上で、イヌやニワトリなどの飼育品種をそれぞれ異なる種とみなさないのは、それらが共通の血統に由来していることが分かっているからだが、野生生物については我々はそうでないと「思い込んでいる」だけだと結論づけている。そう思い込むのは間違っているはずだとほのめかしているのだ。

ウォレスはサラワクに戻ってブルック（ウォレスと同じくチェスが大好きだった）やその従者

たちとクリスマスを過ごし、一八五六年一月に三三歳の誕生日を迎えた。またその頃にダーウィンから初めての手紙を受け取り、そのなかでダーウィンはハトなどの鳥の剝製を送ってくれるよう頼んでいた。ウォレス一人に頼んだのではなく、世界中の採集者にほぼ同じ手紙を二〇通以上送っている。ウォレスの受け取った手紙自体は残っていないが、ほかの人が受け取った現存する手紙に書かれている以下の文言はウォレスの受け取ったものと同じはずだし、ウォレスの注目を惹いたのも間違いないだろう。

私は長年、変種と種の起源という途方もないテーマに取り組んでいて、そのために飼養化の影響の研究に努めたり、世界中から小型の家禽(かきん)や四足類の剝製を収集したりしています。

ウォレスがサラワクで書いた論文にからめて先ほど紹介した、ダーウィンが一八五七年五月に書いた手紙の真意がこれで見えてくる。ダーウィンは種の問題に取り組んでいることを、何年も前からいっさい秘密になどしていなかったのだ。けっして一八五七年の手紙で初めて「公表」したのではなく、ウォレスもそのとき驚きはしなかったはずだ。

ウォレスはまた、砂浜を走るハンミョウを観察して、「色がサラワクの白砂と非常に似ている」とノートに書き留めた。そしてそのことが頭に残り、まもなくして進化について考える大きなきっかけとなる。

一八五七年二月一〇日、ウォレスはサラワクを発つ際にアレンを残していき、代わりに付き添わせた使用人のアリがのちに、ウォレスが望んでいた有能な助手となる。アレンは現地の宣教師の世話になり、勉強して教師となった。ウォレスが次に向かったのはシンガポールで、そこで雑用を片付けるとともに、何より重要な用事として、さらなる収集活動のためにスティーヴンズから送られてきた金を受け取った。思っていたよりずっと長い時間がかかったが、その間に論文を二本書いたり（生物種の問題に関するものではない）、郊外で収集活動を少々おこなったり、イングランドのヴィーチ種苗場に勤める植物採集者のトマス・ロブ（一八一七－九四）*と会ったりした。しかしウォレスがシンガポールで何とか時間を潰しているさなか、母国イングランドでは事態が急展開を迎える。一八五六年春、週末を使ってダーウィンのダウンハウスを訪れたライエルが、ダーウィンから自然選択に関する自身の考えを聞かされる。すると、ウォレスのサラワク論文の意義を理解していた数少ない人物であるライエルは、大著を書き上げるまで手をこまねいていないで、自分の理論のあらましだけでも論文として発表して先取権を確保するべきだとダーウィンをせき立てた。ダーウィンもその忠告にある程度従った。単なる論文を書くのではなく、大著の執筆を中断して、理論の「概略」と自身が形容する短い本を書きはじめたのだ。一八五六年五月一四日にはノートに、「ライエルの忠告に従って種の概略を書きはじめた」と記している。執筆中は、各章を書き終えるたびに日記にそのことを書き留めていた。

　ダーウィンがその本を書きはじめた頃、ウォレスは旅を再開してバリ経由でロンボク島へ向かい、セレベス島（現在のスラウェシ島）のマカッサル行きの船を待つことにした。そして六月一七日に到着したロンボク島で、それだけでも歴史に名を残したはずのある発見をおこなう。かな

*ロブについても拙著『花を求めて』のなかで取り上げている。

り以前から、オーストラリアとアジアとで動植物が大きく異なることが知られていた。その明瞭な例の一つとして、一方では有袋類が、もう一方では胎盤類が、同じ条件の環境で暮らしていることが挙げられる。しかしウォレスが現れるまで、その境界線がどのくらい明瞭なのかは分かっていなかった。一八五六年八月二一日にロンボク島からスティーヴンズに宛てた手紙のなかでウォレスは、この地域の動物の地理的分布について次のように論じている。

たとえばバリ島とロンボク島は、大きさも土質も、地形も標高も気候もほぼ同じで、互いに見える距離にあるにもかかわらず、繁殖する生物は大きく違っていて、それどころかそれぞれまったく異なる二つの生態学的地域に属し、境界を形作っている。

一八五七年一月にこの手紙*からの抜粋が、遠隔地からの興味深い知らせに関する通常の慣習に則り、スティーヴンズによって学術誌『ズーロジスト』に掲載された。ウォレスは旅を続けるなかで、この「二つの生態学的地域」の境界について測量士の視点から研究を続け、一八五八年一月にベイツに宛てた手紙のなかで、二つの地域のあいだにはくっきりとした境界線が存在すると伝えた。しかし、その境界線を赤色で書き込んだこの地域の地図を載せた論文を発表したのは、イングランド帰国後の一八六三年のことだった。この境界線はウォレス線と呼ばれるようになったが、その後の研究でその正確な位置は修正されている。

ウォレスは、もともとあった二つの大陸が海に沈んでばらばらになったことで、この二つの生態学的地域が生まれたのだと考えた。現在の知見によると、オーストラリアの固有種はオーストラリアとアジアがもっとずっと大規模に分裂した際に進化して、垂直方向でなく水平方向のゆっくりとしたプロセスであるプレートテクトニクスによって何千万年もかけて現在の場所まで運ばれてきたとされている。ウォレス線は、生命の進化を理解する上でも、また地球の地質学的進化を理解する上でも重要な存在である。

『マレー諸島』と一篇の論文

九月にウォレスはマカッサルのオランダ人入植地にやって来た。完全に文明化した町だったが、熱病（ほぼ間違いなくマラリア）を防ぐことはできず、ウォレスもアリも滞在中に病に倒れた。一〇月にウォレスはダーウィンに宛てて手紙を書いているが、その手紙は失われてしまっている。それに対する一八五七年五月一日付のダーウィンの返信が、先ほど紹介した問題の手紙である。その返信から推測するに、ウォレスの一〇月の手紙には本書でとくに取り上げるべき記述はなかったようだが、二人がすでに直接文通をしはじめていたことは明らかだ。

一二月一八日にウォレスはマカッサルを出発して、東へ一五〇〇キロメートルほど離れたアルー諸島へ向かい、そこに一八五七年七月まで滞在する。最大の目的はゴクラクチョウを見つけて採集することで、それは好奇心のためだけでなく、イングランド帰国後にその剝製を売れば大金になるからでもあった。その目的は十分に達成され、ウォレスはスティーヴンズへの手紙のなか

＊標本の貨物と一緒に送られたその手紙には、鳥の剝製を所望したダーウィンの手紙について初めて触れて、「家禽のアヒルは……ダーウィン氏へ」と書かれている。

で、「私はゴクラクチョウを撃ち落として皮を剥いだ（そして食べた）ことのある唯一のイギリス人だと思う」と記している。しかしこの鳥の美しさには首をかしげ、著書『マレー諸島』のなかで次のように述べている。

> 一方でこのような優美な生き物が暮らしてその美しさを見せつけているのが、人が住むのに適さないこのような原生地に限られるというのは、なんとも残念なことだろう。……このことを考えれば、すべての生物が人間のために作られたのではないことがはっきりと分かるはずだ。

ウォレスは七月にマカッサルへ戻り、アルー諸島で採集した標本をスティーヴンズに送った（最終的にそれらの標本は一〇〇〇ポンド近い値で売れた）。そして腰を落ち着けて、執筆予定の本のためにさらにノートを付けはじめた。そのなかに次のような重要な一節がある。「知られているすべての変種は、親と異なる子が誕生することで生じる。そしてその子が同じ種類の子孫を増やす」。ウォレスはまた、アルー諸島で見つけた生物種の観察結果についても書き記している。しかし、進化に関するウォレスの考えがどのように深まっていったかを理解する上でもっとも重要なのは、一八五八年一月に学術誌『ズーロジスト』に掲載された『永続的で地理的な変種の理論に関する短信』という短い論文である。そのなかでウォレスは、「種とは何か」と問いかけた上で次のように述べている。

種と変種との違いは程度だけで、本質は違わない。……種と変種を分け隔てる境界線はとても微妙で、その存在を証明するのはきわめて難しい。

ダーウィンとの手紙のやり取りからも多くのことが読み取れる。ウォレスは一八五七年九月から一一月にかけて、マロス川を少しさかのぼった内陸の地を拠点としていた。九月二七日にはダーウィンに手紙を書いたが、ダーウィンがその手紙にはさみを入れて裏にジャガーに関するノートを付けてしまったため、残念ながら現存するのはその断片だけである。その手紙のなかでウォレスは、同年五月に励ましの手紙を送ってくれたことに礼を言うとともに、サラワクで書いた論文にいっさい反響がないことが残念だと打ち明け、次のように述べている。

……［自分の理論］を詳細に証明しようという計画をすでに立てていて、もちろんこれはその前段階にすぎませんし、一部は書き上げていますが、当然イギリスの図書館やコレクションでもっと多くの研究が必要です。

もしもダーウィンが、ウォレスに著書の出版で先を越されること（可能性は低かっただろうが）を心配していたとしたら、この手紙を読んで彼はほっとしたはずだ。自分と同じくウォレスも焦ってはおらず、帰国するまで本を書き上げそうもないことが、この手紙からは読み取れるのだから。

マカッサルに戻ったウォレスは、再びハンミョウを何匹か見つけた。それらは茶色のつるつるした泥の上に棲んでいて、その泥とほぼ同じ色をしており、落とす影でようやく見つけられるくらいだった。サラワクでは白砂の上に白いハンミョウが棲んでいたが、マカッサルでは茶色の泥の上に茶色のハンミョウが棲んでいて、どちらも地面と完全に同化していた。この発見はウォレスの頭のなかにこびりついたが、まだそれに対する説明は思いつかなかった。

一一月一九日にウォレスはマカッサルを発って、赤道から約八〇キロメートル北のテルナテ島という小島へ向かい、そこでゆったりと滞在することになるが、ここでついに生物種の謎を解くための最後のピースがぴたりとはまる。到着したのは一八五八年一月八日。これから三年のあいだ拠点として使う借家に腰を落ち着けると、近くに浮かぶジャイロロ島（現在はハルマヘラ島と呼ばれている）への探検旅行の準備を進めたが、出発前にまたもや熱病に冒されてしまう。その後の記録には混乱が見られる。ウォレスがのちに書いた文章に記されている日付と、当時の日記に書かれている日付とが一致していないし、「二月二〇日」のつもりで「一月二〇日」と書いているなど、明らかに書き間違えた日付もあるからだ。それでもヴァン・ワイへが実際の経緯を丹念に再現して、ウォレスの人生のなかでももっとも重要な数週間に光を当ててくれている。

自伝でのウォレス本人の説明では、ひらめきを得る上でマルサスの『人口論』が重要な役割を果たしたと力説されている。一八五八年二月初めにウォレスはたびたび熱病の発作に襲われ、回復するまでジャイロロ島訪問を延期せざるをえなかった。

ある日、一二年ほど前に読んだマルサスの『人口論』の記憶が何らかのきっかけで甦ってきた。野蛮な人種の人口は、病気や事故、戦争や飢餓といった「増加に対する正の抑制」によって、もっと文明化した人々よりも平均としてははるかに低く抑えられる、という彼の明快な説明について考えをめぐらせた。すると、これらの原因またはそれに相当するものは動物の場合にもたえず作用しているではないかと気づいた。しかも動物はたいてい人間よりもはるかに速く繁殖するのだから、これらの原因によって一年で死ぬ数も膨大なはずだ。……するとこんな疑問が浮かんできた。なぜ一部は死んで一部は生き延びるのか？　その答えは明らかで、全般的にもっとも適応したものが生き延びる。……それについて考えれば考えるほど、長いあいだ探し求めてきた、種の起源の問題の答えとなる自然法則をついに見つけたという確信が深まっていった。

ウォレスは「この日の晩」にノートを付け、それから二日かけて自らの説を慎重に書き下していって、『変種がもとの型から限りなく離れる傾向について』というタイトルの小論文にまとめた。のちの回想によると、それは次の便でダーウィンに送るつもりで書いたのだという。ダーウィンにこそ読んでもらいたいと思ったからではなく、ダーウィンに頼んでライエルに渡してもらおうとしたからで、面識はないもののライエルから意見をもらえれば何よりだと思ったのだそうだ。ただしこの説明には疑念が向けられていて、そもそもこの小論文を書いたのは、執筆予定の本の叩き台として考えが薄れないうちに書き留めておきたかったからかもしれない。この小論文には「一八五八年二月、テルナテにて」としか記されておらず、書き上げた正確な日付すら分かっていない。しかしもっと興味深い疑問は、ウォレスがマルサスの『人口論』について改めて考えはじめた「何らかのきっかけ」とは何だったのかである。

そのきっかけとしてもっとも可能性が高いのが、ハンミョウを観察したことである。小論文を仕上げたわずか二週間後の三月二日、ウォレスはベイツへの手紙のなかで、観察した二種類のハンミョウについて次のように述べている。

……海岸の昆虫は、……前者はサラワクの白砂と色がまったく同じで、後者は棲んでいる黒っぽい火山の砂と色が同じだ。海水の入江の軟らかいつるつるした泥の上で見つけた……川岸を好む別の昆虫は、色がその泥と完璧に同じで影以外はまったく見えなかった。このような事実に私は長いあいだ頭を抱えていたが、先日、それを自然な形で説明する理論を導き出したところだ。

この最後の一文は、ハンミョウの外見が自然選択されるという考えにたどり着いたことをはっきりと物語っている。小論文自体にも次のように記されている。

……多くの動物、とくに昆虫の特徴的な色が、つねに暮らしている場所の土や葉や木の幹にとても似ていることも、同じ原理で説明できる。すなわち、長年のあいだに数多くの色合いの変種が出現したかもしれないが、敵から身を隠すことにもっとも適応した色を持つ血統が必然的にもっとも長生きしたのだろう。

まさに自然選択による進化を簡潔に表現した言葉である。ある世代の個体のうちどれが死んでどれが生き延びるかは、偶然で決まるのではない。生き延びて繁殖する個体は、おもだった条件にもっとも適応したものであるはずだ。ある特定の色の地面に何通りもの色合いのハンミョウが棲んでいたら、捕食者は背景ともっとも見た目の違うハンミョウを簡単に見つけて食べてしまうだろう。生き延びたハンミョウは繁殖して、前の世代よりもさらに背景と似た色合いの子を作るだろうが、そのなかでもうまく擬態できていない子が最初に食べられてしまう。そうして何世代も経つと、背景と「完璧に同じで影以外はまったく見えない」個体が生じるのだ。

のちほど述べるとおり、この小論文にはほかにもたくさんの主張が含まれている。では、この小論文がもともとダーウィンやライエルに送るつもりで書かれたという説は、どうして疑わしいのだろうか？　そしていつ送られたのだろうか？

ウォレスは三月一日にジャイロロ島から戻ってきて、その八日後にイギリスからの郵便を受け取った。そのなかの一通が、ウォレスの一八五七年九月二七日の手紙に対するダーウィンの一二月二二日付の返事だった。この手紙でダーウィンは、ウォレスのサラワク論文がライエルを含む「優れた人たち」の注目を集めていると伝えて安心させるとともに、「私はその論文に記されているあなたの結論に同意しますが、私のほうがはるかに先に進んでいると思います。しかしその論はあまりに長くて［ここには］収まりません」と述べている。このときウォレスは初めて、ライエルが自分の研究に興味を示してくれたことを知った。そこでダーウィンに返事を書いて問題の小論文を同封し、自伝の記述によると、「これが十分に重要だとお考えなら、私の前の論文を高く評価してくれたチャールズ・ライエル卿に見せていただけませんか」と頼んだ。

ヴァン・ワイへが再現してくれたおかげで、テルナテで書かれた小論文のたどった行程を、マレー半島のウォレスからケント州の村のダーウィンまで追いかけることができる。ウォレスは三月二五日に今度はニューギニア島へ向けて出発したが、そのとき次の郵便船で送るダーウィン宛の荷物を預けていき、その郵便船は四月五日にテルナテを出港した。荷物は何隻もの郵便船に次々と積み替えられ、スラバヤからバタヴィア、シンガポールを経て、五月一〇日にガルへ到着した。ガルからは航路でスエズへ運ばれて六月三日に到着し、さらに陸路でアレクサンドリアへ運ばれた。そして六月五日にその荷物を積んだ汽船コロンボ号がアレクサンドリアから出港し、六月一六日にサウサンプトンに到着した。手紙は六月一七日にロンドンに届けられ、ダーウィンの記録によると、彼がダウンハウスでウォレスの手紙と小論文の入った荷物を受け取ったのは一八五八年六月一八日、テルナテを出てから約七五日後のことだった。そしてそれから二週間も経たない七月一日、五か月ほど前に書かれたその小論文が科学界に広く発表されることとなる。ダーウィンとその友人たちにとっては慌ただしい二週間となった。

第6章　ダーウィンとウォレス

ウォレスがテルナテで書いた小論文がダウンハウスに届いたとき、ダーウィンは自身の種の理論、すなわち自然選択による進化の理論の「概略」を完成させるべく歩を進めていた。それがどこまで進んでいたか、そしてウォレスの手紙がどれほどの衝撃を与えたかを知るために、この時点でダーウィンの考察がどの段階まで達していたかを簡単にまとめておこう。

ダーウィンはビーグル号での航海から戻ってきた頃には、進化が事実であることは確信していた。彼を含め進化論者たちが直面していた問題は、その進化が作用するメカニズムを発見することだった。ダーウィンは一八三七年に「種の変化」に関する一冊目のノートを書きはじめ、その一年後にマルサスの『人口論』を読んだ。そしてそこから、進化を促す圧力は生存競争であって、その生存競争は異なる種どうしでなく同じ種の個体間で起こるという考えに至った。ライオンは獲物と競争しているのではなく、獲物を狩る能力を懸けてほかのライオンと競争している。獲物のほうもライオンと競争しているのではなく、ライオンから逃げるべく同じ種のほかの個体と競争している。グリズリーに追いかけられる二人のハンターのジョークと同じだ。二人ともグリズリーより速くは走れないが、二人のうち速く走れるほうが生き残る。ダーウィンがこの考えをおおざっぱに書き留めたのは、歴史家によれば一八三九年のことで、それを鉛筆書きの概略にまとめたのは一八四二年、さらに正式な文書に発展させたのは一八四四年のことである。

しかし話はこれだけでは終わらない。その頃ダーウィンがこの壮大なアイデアについてめぐらせていた思索、自分の身に何かが起こってもそれが失われないようにしたいという思い、そして自分の先取権を認めてもらいたいという本能的欲求に関して、ある興味深い事柄が分かっている。それを暴き出したのは、創造的思考の本質に魅了されてとくにダーウィンの取り組みを研究している、アメリカ人心理学者のハワード・グルーバーである。[29] 先ほど触れたとおり、ダーウィンは一八四五年出版の『ビーグル号航海記』第二版（実際のタイトルは『研究日誌』）のあちこちに新たな記述を大量に追加している。この新版が出版されたのは鉛筆書きの「概略」を書き上げてから三年後のことで、もっと正式な小論文が村の学校教師によって清書されてからわずか一年後のことだった。さらにその改訂作業を終えたのは、蔓脚類に関する壮大な研究に取りかかる直前のことだった。その大研究に取りかかる前に残った課題を片付けようとしたのは明らかだし、ダーウィンが蔓脚類の研究に取り組みながら進化の問題に片を付けようとしたことが、『ビーグル号航海記』の改訂作業に何らかの、というよりもかなりの役割を果たしたことが、グルーバーのおかげで分かっている。

『ビーグル号航海記』の一八四五年版にどのような記述が追加されたのかは、一度指摘されてしまえば容易に特定できる。第一版と第二版を比較して新たな記述をすべて抜き出し、グルーバーいわく「それらのパラグラフを隠し場所から引っ張り出してきてつなぎ合わせれば」、実際に自然選択の法則そのものこそ書き下してはいないものの、自然選択による進化に関する「［ダーウィンの］考えをほぼすべて示した一本の小論文」ができあがる。たとえば追加されたある重要な一節では、「食料供給と人口増加との関係に関するマルサスの原理のきわめて明快な主張」を用いて、「いくつかの生物種が数を減らして最終的に絶滅する」ことを説明している。また別の一節では、ガラパゴス諸島で見つけた多様なフィンチを引き合いに出している。専門紙『ザ・ガーデナーズ・クロニクル（園芸家新聞）』の編集者ジョン・リンドリーもこのような記述が追加されていることに気づき、同紙のなかでそのいくつかを取り上げた。それを受けてダーウィンはライエルに、「リンドリーが絶滅に関するパラグラフを省略せずに取り上げてくれて大変嬉しい」と手紙で伝えている。このようなことから見て、ダーウィンは後世のこと、そして自分の先取権のことを気にかけていたとしか考えられない。もしも誰か別の人が同じ考えを思いついても、この「影の」小論文を証拠として出して、自分が最初に考えたのだと主張できるのだから。

前に述べたとおりダーウィンは一八五六年五月、ライエルからこのままでは先取権を奪われかねないと心配されたことがきっかけで、進化に関する考察を再開して「種に関する概略」を書きはじめた。それは本格的な取り組みで、一八五六年一一月にはライエルに宛てて次のように記している。

大著の執筆に着々と取り組んでいます。予備的な小論文や概略として発表するのが絶対に不可能であることは分かっています。それでも、完璧なものになるのを待たずに、いまある題材から可能な限り完全なものにするつもりです。こうして勢いづいたのはあなたのおかげです。

一八五八年六月までにダーウィンは、全体の約三分の二に当たる一〇章分を書き上げた（一か月ごとに一章ではないが）。それは専門家向けの大冊を狙ったもので、けっして『創造の自然史の痕跡』と同じ読者層に自分の考えを広めるための本ではなかった。あと一年か二年で科学界に自分の理論を公表できるはずだと思っていたに違いない。ところがそこにウォレスのあの手紙が舞い込む。ダーウィンは真っ先にライエルに伝えようと、ウォレスの小論文を同封して次のような手紙を書いた。

先手を打つべきだというあなたの言葉がまさに現実になりました。あなたがそう言ってくれたのは、生存競争に基づく「自然選択」という私の見方をごく簡単に説明したときのことでした。これ以上の偶然の一致にはけっして出くわしたことがありません。もしも一八四二年に私が書いた概略の原稿をウォレスが読んでいたとしても、これ以上に優れた要約を書けたはずはありません！　それどころか、彼が使っている用語を私の各章のタイトルとして使えるくらいです。

この原稿は私にお返しください。彼は私にこの原稿を発表してもらいたいとは言っていませんが、もちろんすぐに、いずれかの学術誌に投稿するよう手紙で勧めるつもりです。私の独創性がどれだけあるかは分かりませんが、すべて崩れ去ってしまうでしょう。しかし私の本は、そこに何かしらの価値がある限り台無しになることはないでしょう。すべての記述がこの理論の応用になるのですから。ウォレスの概略に満足してもらえたのであれば、あなたの言葉を彼に伝えるつもりです。

しかしライエルは、ダーウィンがそう簡単に先取権をあきらめるべきではないと思った。ダーウィンの友人であるジョーゼフ・フッカー（一八一七‐一九一一）*もウォレスの小論文を見せられて、どうすべきかライエルと話し合った。しかしダーウィン本人は息子チャールズ・ウェアリング・ダーウィンの病気のことで頭がいっぱいだったため、ほぼ傍観しているだけだった。その息子は六月二八日に生後一八か月で猩紅熱（しょうこう）により命を落とした。しかもダーウィンは自分に先取権を主張する権利があるのかどうか思い悩んでいて、ライエルに宛てて次のように書いている。

ウォレスは論文の発表については何も言っていません。私ももともと概略を発表するつもりはありませんでしたが、ウォレスが自分の理論の概略を送ってきた以上、私も発表することがはたして許されるでしょうか？　私が卑劣な手に出たと彼または誰かに思われるくらいなら、私の本を丸ごと燃やしてしまうほうがずっとましです。

解決策を思いついたのはフッカーだったらしい。リンネ協会の会合が六月一七日に予定されて

＊ダーウィンより八歳年下のフッカーは一流の博物学者で、一八六五年にキュー植物園園長の職を父親から受け継いだ。フッカーについても拙著『花を求めて』のなかで取り上げている。

いたが、元会長の死去を受け、追悼のしるしとして七月一日に延期されていた。そこでライエルとフッカーはこの機に乗じて、ダーウィンに詳細を伝えないまま、彼から託された資料を自由に利用して、その会合で発表する手はずを整えた。発表順は書かれた日付順にするのがふさわしいと考え、ダーウィンが一八四四年に書いた概略の要約を一番目、ダーウィンが一八五七年にボストンのエイサ・グレイに宛てて書いた手紙の一部を二番目、そしてウォレスの小論文を三番目とした。ダーウィンの文章は計およそ二八〇〇語、ウォレスはおよそ四二〇〇語となった。『リンネ協会紀要』にはまとめて共著論文として掲載され、タイトルは『種が変種を生み出す傾向について、および自然選択によって変種や種が永続することについて』、著者名は「チャールズ・ダーウィン氏（王立協会正会員・リンネ協会正会員・地質学会正会員）およびアルフレッド・ウォレス氏、代読チャールズ・ライエル卿（王立協会正会員・リンネ協会正会員）およびJ・D・フッカー氏（医学博士・王立協会副会長・リンネ協会正会員など）」となった。*

この「共著論文」は、会合の際にも出版された際にもいっさい話題にならなかった。トマス・ベルは翌一八五九年五月のリンネ協会会長報告のなかで前年を振り返って、「過ぎ去ったこの年には、いわば科学分野に即座に革命を引き起こすような顕著な発見はいっさいなかった」と述べている。ダーウィンも自伝のなかで次のように記している。「我々の共著論文はほとんど注目を集めず、発表された論評は私が覚えている限りダブリンのホートン教授のものだけで、その論調も、ここに記されている新しい事柄はすべて間違いで、真実であるのは以前から知られている事柄だけだというものだった」。世間に衝撃を与えて自然選択に人々の目を向けさせたのは、この共著論文でなくダーウィンの著書だったのだ。そこで重要な意味を帯びてくるのが、たびたび示される次のような疑問である。地球の裏側にいて議論に加われなかったウォレスは、この計略のなかではたして正当に扱われたのだろうか？

陰謀論者がことさら槍玉に挙げるのが、この共著論文の緒言でライエルとフッカーが「両著者とも自身の論文を留保条件なしに我々に託した」と述べていることである。ウォレスの小論文がダウンハウスに届いてからリンネ協会の会合が開かれるまでの二週間のあいだに、ウォレスが何らかの許可を与えるなんてできたはずはないというのだ。しかしこの主張は、当時の慣習と「留保条件なしに」という言葉の意味を誤解している。ダーウィンがビーグル号での航海中に送った手紙や、ウォレスが南アメリカから送った手紙を取り上げた際にもすでに述べたとおり、科学的に関心のある事柄をできるだけ早く発表するというのは通常の慣習だった。手紙を公にしたくない場合や広く流布してほしくない場合には、書き手が「私信」と明記するか、または特定の箇所に誰にも見せないでほしい旨を書き添えることになっていた。ダーウィンが一八五七年にエイサ・グレイに宛てた手紙がその好例で、理論の詳細は誰にも漏らさないでほしいと具体的に頼んでいる。しかしウォレスはダーウィンに小論文を送ったとき、そのような但し書きはいっさい添えておらず、ほかの人に見られるかもしれないことを重々承知で（というよりもそれを望んで）「留保条件なしに」送ったのだ。論文として発表されるのは、期待していたどころかありがたいことだった。ウォレスはそれを聞いて母に喜びを伝えている。

＊ *Journal of the proceedings of the Linnean Society*, Zoology II, 1858, page 45. 残念ながらウォレスのテルナテ小論文を含めこの論文の原稿は、印刷所に回されたのちに通常の慣例に従って破棄されてしまった。ウォレスは写しを取っていなかった。

ダーウィン氏とフッカー博士という、イングランドでもっとも著名な二人の博物学者から手紙をもらってとても嬉しいです。ダーウィン氏が現在執筆中である大著のテーマと関係のある小論文を氏に送りました。氏からそれを見せられたフッカー博士とチャールズ・ライエル卿は高く評価して、リンネ協会で代読してくれました。これで私はこれらの著名な方々の知人として帰国することができます。

ライエルやダーウィンやフッカーと並んで自分の名前が挙げられたことで名声が高まり、自分の研究に関心が集まることくらい、ウォレスにも痛いほどよく分かっていた。一八五八年一〇月六日にはテルナテの地からフッカーに宛てて次のような手紙を送っている。

初めに、このたびのお力添えをいただいた貴殿とチャールズ・ライエル卿に心から感謝するとともに、貴殿が進められた方針と、私の小論文に対して寛大にも示していただいた好意的な意見への喜びを伝えさせていただきたく存じます。この件で自分は恵まれているとみなさずにはいられません。従来このような場合には、新たな事実や新たな理論を最初に発見した人にすべての功績が帰せられ、数年または数時間遅れで完全に独自に同じ結論にたどり着いた人物はほとんど、あるいはまったく評価されないという慣習があまりに強いのですから。

ウォレスは生涯にわたって、ことあるごとに感謝の気持ちを表した。典型的な例として、一九〇三年には次のように述べている。

ダーウィンおよび彼の偉大な研究とつながりを持ったおかげで、同じ疑問に関する私自身の著作が報道や大衆に完全に受け入れられた。自然選択の理論における私の独創性や貢献はおおむね過大評価されてきた。*

だが仮にウォレスが、ダーウィンに『種の起源』を書く気を起こさせたこと以外何の働きもしなかったとしても、それだけで彼は科学に大きな貢献を果たしたと言えたはずだ。そのことに関してウォレスは自伝のなかで次のように述べている。

ダーウィンは［のちに］、私と彼の二人の友人に大きな借りがあると記した上で、「ライエルの言うとおり、自分は大作をけっして完成させられないとつい考えそうになった」と付け加えている。そこで思うに、私は論文を書いてダーウィンに送ったことで、図らずも彼の背中を押して、彼いわく「要約」だが、実際には入念に書かれた執筆中の大著を書き上げるという課題に集中させたことになる。それが分かって満足な思いだ。

* "My relations with Darwin in reference to the theory of natural selection（自然選択の理論に関するダーウィンとの関係）", *Black and White*, 17 January 1903.

『種の起源』

ライエルとフッカーの影響力をもってしてもこの共著論文にはいっさい反響がなかったし、以前のウェルズやマシューに対する反響もなかったことから判断するに、確かにもしもダーウィンの本が出ていなかったら、自然選択の理論は依然として無視されつづけていたことだろう。しかし普段なかなか筆が進まないダーウィンも、ここに来てようやく、筆を速めて彼の基準からすると簡潔な文章にするしかないと気づいた。

息子チャールズ・ウェアリングの葬儀を終えると、ダーウィン一家はそのショックから逃れようとダウンハウスを離れた。そして七月一七日にワイト島のサンダウンに到着した。そのときダーウィンは、『リンネ協会紀要』で発表するために自分の理論の要約を書くつもりでいたが、七月一三日にはフッカーに宛てて「知らない学術誌に三〇ページの要約を書いていったい何になるでしょう」と記している。要約を書くのは無理だとすぐさま気づき、代わりに、大冊を書くつもりで集めた題材をもっと短くて読みやすい本にまとめることに取りかかったのだ。手紙のなかではその本を「小本」と呼び、それすらも完全な理論の「要約」にすぎないと考えていたが、それがあの『種の起源』となる。「大冊」はもともと考えていた形ではけっして出版されなかったが、『種の起源』に収められなかった題材の多くはほかの機会に、とくに一八六八年出版の『飼育・栽培下の動植物の変異』全二巻を通じて世に出た。『種の起源』自体の執筆は、ダーウィン五〇歳の誕生日からまもない一八五九年三月一九日に完了した。その長さは一五万五〇〇〇語と、現在の版のおよそ二倍におよんだ。ダーウィンはライエルの勧めでその原稿を出版者のジョン・マレーに送り、一一月二四日にその本は、『自然選択、すなわち生存競争における有利な血統の保存による種の起源について』という印象的なタイトルで書店に並んだ。ほとんどの解説では初版の一二五〇部が発売当日に売り切れたとされているが、実際には書店がすべて購入して客に売りはじめたというだけだ。それでもこの本はすぐさま大成功を収め、その出版によって自然選択による進化の概念は科学の主流に乗り、人々が議論し合う話題の一つとなった。当時の多くの人々の反応をおそらくもっとも的確に物語っているのは、三〇年近くのちにトマス・ヘンリー・ハクスリーが当時を振り返って書いた次の一節だろう。

私が思うに、この問題について真剣に考えていた同時代のほとんどの人は、私の気持ちとほぼ同じく、モーセ信奉者であれ進化論者であれ「どちらの陣営にとっても厄介事だ！」と言い放ち、一見不毛な果てしない議論から目を逸らして、検証可能な事実からなる実り多い分野に取り組もうとしていた。それゆえ、一八五八年にダーウィンとウォレスの論文が発表されて、さらに一八五九年に『種の起源』が出版されたことは一筋の閃光のような効果をもたらし、闇夜で道を見失った人にとっては、まっすぐ家につながっているかどうかは別として、進むべき道が突如として明らかになったと思う。……『種の起源』は、我々が探し求めていた作業仮説を提供してくれた。さらに、創造説を受け入れるのを拒んだ上で、どのような説を提唱すれば慎重な思索家でも受け入れてくれるのか、という難題から永遠に解放させてくれるという、計り知れない役割を果たした。一八五七年には私はまだその答えを持っていなかったし、誰も持っていなかったと思う。しかしその一年後には、このような疑問に悩まされるほど愚かだった自分たちを責めるようになった。『種の起源』の中心的な考えを初めて理解できたときの私の反応は、「これを考えつかなかったなんてどんなに愚かだったのか！」だった。……ダーウィンとウォレスが暗闇を追い払い、『種の起源』のかがり火が暗愚な者たちを導いたのだ[30]。

一八二五年に生まれて一八九五年に世を去ったハクスリーは、一九世紀後半の生物科学の頂点に立つ人物である。『種の起源』出版後の論争を主導して、ダーウィンが病気のときや公の議論に加わりたがらなかったときに声高にその理論を支持したことで、「ダーウィンのブルドッグ」と呼ばれるようになった。しかしハクスリーはダーウィンの身代わりになると同時に、郵便船の到着する数週間遅れでしか事の進展を追いかけられないウォレスの代弁者も務めたことになる。

ウォレスが母親と、さらに一八五八年一〇月六日にフッカーに宛てて一筆したためるきっかけとなったダーウィンとフッカーからの手紙、それ自体はどちらも失われているが、ウォレスはダーウィンの手紙のなかからある興味深い部分をノートに書き写している。それは、ダーウィンが書こうとしていた大冊の一四の章で取り上げられるはずだったテーマのリストで、テルナテ論文が届いたときに取り組んでいたその第一〇章までのすべての章にはコメントも添えられている。ダーウィンがこの本を書こうとしていたことを示す唯一現存する記録である。ダーウィンはウォレスに『種の起源』の初版本も一冊送っているし、校正刷りの段階で送っていた可能性すらある。これらを踏まえてウォレスは、自然選択に関する自著を書く計画をおとなしくあきらめて、東洋での残りの時間を収集活動に集中した。

進化のメカニズム

その頃、本国ではダーウィンの本によって進化に関する議論が盛んになっていながらも、自然選択の考えはなかなか受け入れられなかった。問題は遺伝のメカニズムにあった。世代から世代へどのようにして特徴が受け継がれるのか、そしてそのプロセスでどのようにして微妙な変化が起こるのか、当時は誰にも分からなかったのだ。そこで人々は別のメカニズムを探しつづけた。ダーウィンですら批判に応えて、『種の起源』ののちの版ではラマルキズムに手を加えた理論を導入してしまい、結果として初版が彼の考えをもっとも明快に説明するものとなった。それから二〇年にわたって自然選択の考えをもっとも積極的に主張したのは、ダーウィンでなくウォレスだった。そして興味深いことに、自然選択の考えを支持するもっとも優れた証拠のいくつかは、ウォレスが以前に旅をともにしたヘンリー・ベイツによってもたらされることとなる。

ベイツはアマゾン盆地で収集したチョウの研究と分類を進めるなかで、自らは毒を持たないのに、毒を持った別の種と同じ特徴的な模様を持つチョウがいることに気づいた。捕食者が毒のあるチョウを食べないよう何らかの方法で学習したのと同じように、何らかの方法でそれと同じ模様に擬態したチョウが捕食者から身を守れるようになったのだ。いまでは、その「何らかの方法」とはもちろん、自然選択による進化であることが分かっている。毒のあるチョウを好んで食べる捕食者は死んでしまうので、その嗜好がのちの世代に伝えられることはない。逆にそのようなチョウを避ける捕食者は生き延び、その性質が次の世代に受け継がれる。したがって毒のある種に似たチョウは生き延びる可能性が高く、その結果として、何世代もかけて毒のあるチョウとどんどんそっくりになっていく。ハンミョウが進化して、棲んでいる背景と同じ色の種が生じるという、ウォレスを魅了した例を思い起こさせる。このプロセスはいまではベイツ型擬態と呼ばれている。ベイツは南アメリカからイングランドに戻ってまもない一八六一年一一月二一日に、リンネ協会の会合でこの発見について発表した。翌年にはその論文が『リンネ協会紀要』に掲載され、このテーマを詳しく論じた著書『アマゾン河の博物学者』が一八六三年にマレーによって出版された。しかしこのような証拠が示されながらも、進化が現実であることを受け入れている人々のあいだですら、自然選択説を支持する方向へ見解が傾くことはなかった。

進化論にはメカニズムが欠けていることを知っていたダーウィンは、『種の起源』では冒頭に自然選択の考えを示した。そして後のほうで進化の証拠を列挙し、現生種の地理的分布、化石記録、飼養化による変化、そして比較解剖学に基づく証拠について詳述している。ダーウィンが示したイメージのなかでももっとも説得力のあるのが、ウォレスも思いついた「枝分かれする木」のたとえである。

　芽を出したばかりの緑の小枝が現生種を表し、その前年までに伸びた小枝が代々の絶滅種を表す。成長の各段階で、伸びつつある小枝はいずれもあらゆる方向に枝分かれし、周囲の小枝や枝を圧倒して枯れさせようとする。それと同じように生物種や生物種のグループも、生存を懸けた激しい戦いのなかでほかの種を打ち負かそうとしている。

ダーウィンはまた、変化しない環境のもとではそれにうまく適応している「原始的な」種は姿を変えずに長い歳月にわたって生き延びるが、環境が変化すると「進歩した」生物ですら絶滅してしまうと唱えている。そしてその上で、「生存競争」という言葉の意味を次のように説明している。

私は「この言葉を」比喩的な幅広い意味で使っており、ある個体が別の個体に依存していることも含むし、（さらに重要な点として）個体自体が生き延びることだけでなく子孫を無事残すことも含む。

さらにダーウィンは、第三章で取り上げた、何十年ものちに厄介な論争を引き起こす「時の賜物」の問題の深刻さを際立たせるかのように、「その時間はあまりにも長くて人間の知性ではまったく感じ取れない」と述べている。

しかしダーウィンがこの本で伝えたかったもっとも重要な事柄は、すべての現生種がたった一つの個体からの共通の血統に属するという考え方である。「この地球上でこれまでに生きてきたすべての生物は、ある一つの原始的な祖先の子孫であろう」。その上で、信心深い人の機嫌を取るために「吹き込まれる」という言葉だけを使い、次のように要約している。

このように、自然の闘いあるいは飢餓や死によって、我々に考えつくことのできるもっとも高尚な存在、すなわち高等動物の誕生が直接起こる。生命に対するこの壮大な見方では、最初に少数の形態または一つの形態にいくつものパワーが吹き込まれ、この地球が一定の重力の法則に従って周回しつづけるあいだに、そのきわめて単純な原初の形態から、もっとも美しくてもっとも驚くべき形態が終わることなく進化してきて、いまでも進化しつづけている。

『種の起源』が出版されて以降も、科学者のあいだでは進化のメカニズムをめぐって激しい論争が続いた。しかし進化が事実であることは、一夜のうちにではないが一〇年ほどをかけて受け入れられていった。そうして今度は、進化における人類の立場がもっとも激しい議論の的となり、このテーマについてはダーウィンもウォレスも取り上げた。

ウォレスは三九歳の誕生日からまもない一八六二年二月八日にシンガポールを発ち、三月三一日にイングランドに帰国した。その際には、生きたゴクラクチョウを二羽持ち帰るのと引き換えに、動物学会に最上級の船旅の料金を負担してもらった。探検旅行で得た収益は代理人に抜け目なく投資してもらい、年に三〇〇ポンドという、何ら義務を負わない独身男性が快適に暮らせるだけの配当を手にした。しかし（純粋に金銭的な観点だけから見ると）残念なことに、ウォレスは独身生活を捨て、ほかにも義務を背負うこととなる。それについてはのちほど述べることにしよう。

ウォレスはイングランド帰国前の三月一九日に動物学会の正会員に選出され、同業の博物学者たちは彼の帰国を首を長くして待った。ついにウォレスはチャールズ・ライエルと相まみえたが、すぐにダーウィンのもとを訪ねることはできず、年末まで延期するしかなかった。というのも、それまでの過酷な生活がたたって比較的軽いさまざまな病気にかかり、床（とこ）に伏していたからだ。だがそれでようやく時間の余裕ができ、滞（とどこお）っていた読書を進めて進化をめぐる議論に追いつくことができた。ロンドンのパディントンで暮らしていた妹ファニー夫妻の家で療養したが、夫トマス・シムズがその弟エドワードと経営していた写真業は好調とはいえなかった。ウォレスは遠征で収集した膨大な標本を整理しなければならず、帰国後に喜望峰経由の運賃の安い航路で運ばれてきた最後の標本も売却しなければならなかった。また帰国直後に家族を養うことにもなった。母親に仕送りをする一方で、シムズの家賃を肩代わりし、義弟の写真業を支えるために何年かのあいだに七〇〇ポンド提供した。遠征は成功したものの、こうして遅かれ早かれ収入源を見つけなければならなくなった。

もっと明るい話題に移すと、ウォレスはケンジントンに暮らす旧友のジョージ・シルクや、アマゾンから帰国して擬態に関する論文が高い評価を受けていたベイツと再会した。ロンドン滞在中には、兄エラズマスのもとを訪ねたチャールズ・ダーウィンと何度か顔を合わせた。自伝には次のように記されている。「その際にはダーウィン兄弟やときには訪問客とよく昼食を取ったり、彼がとくに関心を持つ話題についておしゃべりをしたりした」

こうしたことでウォレスの著書『マレー諸島』の執筆は遅れに遅れ、一八六九年にようやく出版されることとなる。しかしその一方でウォレスは一八四六年から、この地域での探検の成果に基づく科学論文を怒濤のように発表していった。さらに、控えめではあるがもっと個人的な計画にも精を出した。ダーウィンのような快適な家庭生活に憧れ、*友人ルイス・レスリーの娘で当時二十代後半のマリオン・レスリーに惹かれるようになったのだ。彼女のほうが少々ためらった末

＊ウォレスは自伝のなかで次のように書いている。「もしもマレーで収集した標本の売り上げをすべて抜け目なく投資していて、年に四〇〇から五〇〇ポンドの確実な収入があったならば、もう一冊本を書くことなどせずに、田舎で暮らして庭や温室を楽しんでいたはずなのにと思ってしまう……」

に二人は婚約したが、一八六四年に彼女が心変わりして破談になってしまう。ちょうどその頃、イングランドに戻っていたリチャード・スプルースがロンドンとサセックス州の村ハーストピアポイントとを行き来しており、ウォレスは婚約を解消したのちの秋、その村にスプルースを訪ねた。そしてそこで、スプルースの友人で薬剤師、アマチュア博物学者でもあるウィリアム・ミッテンとその妻、そして四人の娘と出会った。その一年後の一八六六年四月にウォレスは、ミッテンの長女で当時二〇歳のアニーと結婚した。まもなくしてアニーが妊娠し、ウォレスにとっては定期的な収入源がますます必要となった。

金銭的にも必要だったし、何より妻から背中を押されたこともあり、ウォレスは腰を落ち着けて著書の執筆に集中した。また収入を増やそうと株式市場に投資しはじめたが、それは裏目に出てしまう。一八六七年六月二二日に息子ハーバート・スペンサー・ウォレスが生まれ、一家でアニーの実家のあるハーストピアポイントへ引っ越して、ウォレスは執筆を続けた。スプルースも同じ村に住んでいて、ウォレスの人生でもっとも幸せな時期だったようだ。一八六八年一一月(母親を亡くした月)には王立協会のロイヤルメダルを授かり、一八六九年一月二七日には娘ヴァイオレットが生まれ、三月九日には『マレー諸島』が出版された。出版社のマクミランから一〇〇〇ポンドを前金で受け取り、一〇〇〇部以降は印税が支払われる契約を結んでいた。次は有給の職を見つける番だ。*

ヒトという名の哺乳類

同じ頃、ダーウィンも執筆に精を出していた。そして重い病気の発作にたびたび襲われながらも、一八六二年には『イギリスおよび外国のランが昆虫によって受粉するためのさまざまな工夫について』を、一八六八年には、『種の起源』に収められなかった題材のほとんどを取り上げた大著『飼育・栽培下の動植物の変異』を、そして一八七一年には、本書にもっとも関係のある著書『人間の由来』を出版した。この本は『種の起源』よりもはるかに売れてすぐにベストセラーとなり、刊行から二か月で四五〇〇部印刷された。この本の意義を一言でまとめるとしたら、ダーウィンが『種の起源』の二〇年前、一八三九年に書きながらも発表しなかった小論文の書き出しがそれにふさわしいだろう。

博物学者が乳房のある哺乳類を見るのと同じように人間を見る……。[31]

これが『人間の由来』の中心テーマである。この本のなかでダーウィンは、「乳房のある哺乳類を見るのと同じように人間を見る」ことで、我々もほかのすべての生物種と同じく、自然選択による進化のプロセスによって作られたのだと論じた。これをきっかけに再び人々のあいだで論争が巻き起こる。このとき、人類は万物のなかで特別な地位にあるとする説を誰よりも擁護したのは、敬虔なローマカトリック教徒でリンネ協会と王立協会の正会員である生物学者、セント・ジョージ・ジャクソン・マイヴァート（一八二七－一九〇〇）である。マイヴァートの著書『種の創始』も『人間の由来』と同じ一八七一年に出版された。マイヴァートはダーウィン＝ウォレ

＊これ以降の生涯でウォレスは何度か引っ越しているが、ここで詳しく述べる必要はない。

ス説に対して、進化が小さなステップの繰り返しで起こることはありえないと反論した。たとえば、首がシカよりも長くてキリンよりも短い動物は木のてっぺんの草を食(は)めないのだから、そのような動物に進化上の利点はないだろうというのだ。その上でマイヴァートは、進化は大きな跳躍によって進むはずだと主張した。つまり一匹のシカから、新たな生態的ニッチに適応した一匹のキリンが特別に作られるということだ。このような主張はいまだに見られ、「半分の目なんて何の役に立つのか」と詰め寄ってくる人がいる（その答えを知りたい方にはリチャード・ドーキンス著『盲目の時計職人』をお勧めする）[32]。マイヴァートはまた、人間の「魂」が生まれるには超自然的な力が作用しなければならないとも説いた。だが宗教に基づく反論は別として、論点となったのは進化に必要なタイムスケールである。十分な時間がありさえすれば、どんな生物種も無数の小さなステップであらゆる生物種に変わることができる。しかし二〇世紀に物理学に革命が起こるまで、その十分な時間が確保されていたかどうかは定かでなかったのだ。

一八七一年に六二歳の誕生日を迎えたダーウィンは、生涯最後の一〇年間をさまざまな執筆活動に費やした。『種の起源』と『人間の由来』を改訂した上に、『人及び動物の表情について』（一八七二、写真が収められた初の書物の一冊）、『食虫植物』（一八七五）、『植物界における他家受粉と自家受粉の効果』（一八七六）、大幅に増補した『ランの生殖』の改訂版（一八七七）、『同種の植物における異なる形態の花』（一八七七）と次々に出版し、最後にもっとも愉快な本『ミミズによる腐植土の形成』（一八八一）を書き上げた。これほどの本を書き上げられたのは、お金の心配がいっさいなかった上に、リンネ協会や王立協会などの日々の運営にも携わっていなかったからだ。ダーウィンは委員会というものにはいっさい所属していなかった。一八八二年にダーウィンが世を去ると、錚々たる面々がその棺を担いだ。ジョーゼフ・フッカー卿とジョン・ラボック卿という二人のナイト、アーガイル公爵とデヴォンシャー公爵、ダービー伯爵、王立協会会長トマス・ヘンリー・ハクスリー、……そしてアルフレッド・ラッセル・ウォレスである。

二人の晩年

晩年のダーウィンとその同時期のウォレスは、これ以上ないというほど対照的な暮らしぶりだった。ウォレスはチャールズ・ダーウィンに捧げた『マレー諸島』の出版によって、科学的名声を手にするはずだった。ところが、王立地理学会の副書記などいくつもの職に応募するものの一つも採用されず、執筆や試験の採点などによる不安定な収入に頼らざるをえなかった。採用されなかった理由の一つが、一八六〇年代末に心霊主義に熱中してそれを公言するようになったことである。当時の流行だったが、まともな科学者としては明らかに道を外れていた。しかしのちほど述べるとおり、皮肉にも心霊主義への傾倒を通じて築いた人間関係のおかげで、晩年にようやく比較的快適な生活を送れるようになる。ウォレスは心霊主義を踏まえて、人類の進化のプロセスはほかの生物種と完全に同じではなかったと考えた。『マレー諸島』の末尾には次のように記されている。

　高等な種族である我々はこれまで進歩してきたし、いまでも進歩しつづけていると、ほとんどの人は信じている。もしそうだとしたら、何らかの完璧な状態、何らかの究極の目標というものが存在するはずで、我々はけっしてそこに到達できないかもしれないが、真の進歩のたびにそこへ近づいていくはずだ。

これは将来を予感させる一節にすぎなかった。『クォータリー・レヴュー』誌一八六九年四月号にはウォレスは次のように書いている。

人間が道徳的で高い知性を持っていることは、意識を持った生命がこの世界に初めて現れたのと同じくらい類のない現象で、それが何らかの進化の法則によって起こったと考えるのも後者と同じくらい難しい。……それらの法則の作用を見張っている最上位の知性がその変化を導き、その累積によって最終的に……我々の精神性と人間性を果てしなく進歩させてきたのだ。

この『クォータリー・レヴュー』の号を手にしたダーウィンは、この箇所に下線を三度引いて「ノー」と書き込んだ上に、ウォレスに手紙で「私の考えはあなたとは甚だしく違います」と伝えた。

一八七〇年初めにウォレスは論文集『自然選択の理論への寄稿論文集』を出版して、同業者たちから喝采を浴びた。しかしそれと同じ頃にある論争に巻き込まれ、自分には落ち度はなかったものの評判を下げることとなる。「地球平面説」を信じるジョン・ハムデンなる人物が科学者たちに、「鉄道や川、運河や湖が凸に湾曲していることを、知性のあるどんな判定者でも納得できる形で証明せよ」という課題を突きつけ、その成否に五〇〇ポンドを賭けた。するとウォレスは、金に目がくらんだか、はたまた科学を守るためか（両方かもしれない）、その賭けに乗ったのだ。事前にライエルに助言を求めると、ウォレスいわく、ライエルは「それをはっきりと証明すればあの愚か者どもの口を封じられるかもしれない」と言って、ぜひやってくれと勧めてきた[33]。そこでウォレスは、ベッドフォード運河の長さ九・七キロメートルの区間を使った、あるきわめて単純な実験を考えついた。地球が丸いだなんて信じられないと言い張る愚か者がいまだにいるので、その実験について少し詳しく説明しておこう。ウォレスはこの区間の両端に、水面から同じ高さの標識を立てた。中間点にもそれと同じ高さの標識を立てた。そして測量の腕を生かして、一方の端の標識からもう一方の端の標識を見通した。もしも地球が平らだったら、中間点の標識は視線とぴたり一致するはずだ。しかし実際には地球は湾曲しているため、中間点の標識は視線よりも上に来た。この証拠は、両陣営が「知性のある判定者」と認める雑誌『ザ・フィールド』の編集者によって受け入れられ、この雑誌で発表された。ところがウォレスが懸賞金を要求すると、ハムデンは支払いを拒否した。ここで引き下がるのが賢明だったのかもしれないが、ウォレスはハムデンに約束を守らせようと法廷闘争に持ち込み、約二〇年もの歳月と多額の費用を費やすこととなる。常軌を逸したハムデンはウォレスを中傷する手紙を書き、あらゆる学術団体や、さらにはウォレス夫人にも送りつけた。それがウォレスの雇用の見通しにも影響を与えたらしい。確かにウォレスは正しかったものの、見苦しい振る舞いをする人物とみなされてしまったのだ。

もっと明るい話題として、ウォレスは一八七〇年代初めに大冊の科学書の執筆を進め、一八七六年に出版されたその全二巻の『動物の地理的分布』は好評を博した。しかし自然界における人類の立場に関してはダーウィンと論争を続け、『人間の由来』の論評のなかでは次のように述べた。

……［人間の］完全な直立姿勢、完璧な裸体、調和の取れた完全な手、ほぼ果てしない脳の能力は、互いに関連し合ってあまりにも大きく進歩しているのだから、限られた地域に孤立した類人猿の集団の生存競争では説明できない。

ウォレスの末っ子ウィリアムが一八七一年一二月三〇日に生まれ（第一子のバーティーは一八七四年に六歳で世を去る）、一八七二年三月にウォレスはリンネ協会の正会員に選出された（少々遅すぎたと思われるかもしれない）。そこで再び大著の執筆に取り組み、一八八〇年に『島の生活』を出版した。しかしそれが書店に並んだ頃、ウォレスの経済状況はかつてなく悪化していた。するとある心霊主義者が手を差し伸べてくるが、けっして一筋縄ではいかなかった。

その心霊主義者、アラベラ・バックリーはかつてチャールズ・ライエルの秘書を務めていて、ウォレスとも親しくしていた。ライエルは一八七五年に世を去ったが、バックリーは当時のあらゆる大科学者と知り合いで、ウォレスが金に困っていることもよく知っていた。そこで一八七九年末にダーウィンに手紙で、ウォレスがどんなにささやかなポストでもいいから何か職に就けられるよう、力を貸してくれないかと頼んだ。するとダーウィンも味方に付き、フッカーに手紙で、政府から年金を支給するという形でウォレスを支援してくれるよう協力を求めた。ところがフッカーの返事は手厳しかった。心霊主義をあからさまに支持している上に、地球が丸いことをめぐってばかげた賭けに乗ったウォレスは、社会的面目を著しく失っているというのだ。しかもウォレスは「絶対的貧困」にはないのだから、年金を支給するまでもないという。面食らったダーウィンはバックリーに、打つ手がないと伝えた。しかしそんなことなど露知らぬウォレスは著書『島の生活』をフッカーに捧げ、「彼は植物、とくに島の植物相の地理的分布に関する知見を、ほかのどんな作者よりも大きく前進させた」と評した上で、一八八〇年一一月の出版に合わせて一冊献呈した。

ダーウィンは第二の策を考えはじめた。影響力のある存命の科学者はフッカー一人ではない。そこで近所に住む人類学者のジョン・ラボックやハクスリーに声を掛けると、ハクスリーがフッカーを説得してくれることになった。さらにダーウィンは、バックリーにウォレスの経歴に関する資料を提供してもらい、それをもとに政府への請願書を書き上げた。これ以上ないというタイミングだった。フッカーが『島の生活』に感銘を受け（自分に献呈されたからだけではない）、態度を軟化させたのだ。フッカーも同調してくれたことで、ダーウィンたちはすぐさま錚々たる支持者のリストをまとめた。請願書（当時の言い方では「建白書」）には、王立協会会長、リンネ協会会長、地質調査所所長、ラボック、ベイツ、フッカー、ハクスリー、ダーウィンといった大物が署名し、ウィリアム・グラッドストーン首相に提出された。その甲斐あってウォレスには、一八八〇年七月にさかのぼって年二〇〇ポンドの年金が支給されることとなった。ウォレスがその知らせを聞いたのは五八歳の誕生日のことだった。優雅な生活を送るには十分でないものの、この収入のおかげで困窮状態からは救われたのだった。

ダーウィンが世を去るとウォレスは、自然選択による進化の理論を先頭に立って擁護して唱道するようになり、その理論をいつでも「ダーウィニズム」と呼んだ。ダーウィンですら生前、進化に必要なタイムスケールと、遺伝性を十分に説明できるメカニズム、この二つの問題をめぐる反論に懸念を募らせて当初の主張から後退し、ラマルキズムに手を加えた説まで取り入れようとしていた。しかしウォレスは、皮肉にも進化の枠組みにおける人間の立場についてダーウィンと異なる見解を持っていたことで、自然選択説を純粋に信じつづけ、ダーウィン本人よりもダーウィン的だった。そしてその立場で一八八六年から八七年にかけてアメリカとカナダで一〇か月におよぶ巡回講演を成功させ、その講演資料をもとに著書『ダーウィニズム』を書いて一八八九年に出版した。当時、すでに述べたような理由でダーウィニズムは批判を浴びていたため、この本はタイミング良くその理論を概説した重要な本となり、いまだに一読の価値がある。

ウォレスは六十代後半にはヴィクトリア女王時代の科学の大御所となり、九一歳間近の一九一三年一一月七日まで生きた。執筆活動を続けて数々の栄誉を授かり、一九〇八年にはイギリスで民間人最高の名誉であるメリット勲位を授与された。しかし本書にとってもっと重要なのは、ウォレスが十分に長生きして、進化に必要なタイムスケールと遺伝のメカニズムという、ダーウィンを大いに悩ませた二つの問題の答えを、少なくともその端緒までは見届けたことである。タイムスケールの問題の解決については第三章で説明した。一方、遺伝のメカニズムという問題の解決に向けた最初の手掛かりは、実は一八六〇年代にはすでに発見されていた。その頃、ダーウィンもウォレスもそんなことは露知らずに、ダーウィンは『飼育・栽培下の動植物の変異』の執筆に取り組み、ウォレスは東洋で集めた資料をまとめて『マレー諸島』を書き上げようとしていた。その後の進化論の歴史を語るには、ヴィクトリア女王時代の比較的ゆったりとしたおおざっぱな語り口からペースも上げて、焦点も絞り込まなければならない。

第3部　ダーウィン以後

第7章　エンドウマメから染色体へ

二〇世紀に科学がかつてないスピードで進歩するにつれ、進化の作用の解明を目指す研究の焦点は、動植物の個体全体から動植物の細胞内で起こっている出来事へと移っていった。そしてそこに、遺伝のメカニズムを解明するための鍵が潜んでいた。同じ頃、進化の研究の手法も、生物界のみせる振る舞いを観察することからおもに実験へと変わっていった。しかし当初は価値が正しく認められない実験もいくつかあった。世間にほとんど知られなかったためか、あるいは従来の考え方の枠組みに当てはまらなかったためだ。グレゴール・メンデルによるエンドウマメの遺伝に関する研究の場合には、その両方であった。

ダーウィンとウォレスによって明らかとなった進化の解明の鍵は、似たものが似たものを生むが、ただし完璧に似ることはないというものだった。猫のカップルの子は必ず猫で、カナリアやタラやヤナギになることはない。「将来性のある怪物」などというものは存在しない。しかし、親と完全に瓜二つの子はけっして生まれない。このように完璧でないコピーを生み出す遺伝のメカニズムの謎に、ダーウィンは一八六〇年代から七〇年代にかけて何度も挑むものの、そのたびに挫折した。

ダーウィンによる（正しくない）遺伝のモデルは、一八六八年に著書『飼育・栽培下の動植物の変異』の末尾に独立した章として初めて示され、その後に何度も拡張されて『種の起源』ののちの版にも収められた（初版が第二版以降よりも優れている理由の一つである）。ダーウィンはその説に「パンゲネシス」という名前を付けた。「パン」はギリシャ語で「すべて」という意味で、ダーウィンは体内のすべての細胞が遺伝に関わっていると考えた。「ゲネシス」は繁殖のことである。『飼育・栽培下の動植物の変異』のなかで「暫定的な仮説または推測」と記されているその説の要点は、体内のすべての細胞が「ジェミュール」という微小粒子を生み出し、それが生殖細胞（卵子や精子）に移動して次の世代に受け渡されるというものである。ここにはラマルキズムの要素が込められていて、ジェミュールの生成は環境から影響を受けるとされている。たとえば気候が寒冷化するとジェミュールが影響を受け、それによってのちの世代が体毛を生やすようになるということだ。ただし同時代の多くの人と同じくダーウィンも、両親の特徴が何らかの方法で混ざり合って子に遺伝すると考えていた。単純な例を挙げると、金髪の男性と黒髪の女性の子はみな茶髪になるという考え方だ。しかしそうすると、個体間の違いが失われて自然選択が作用しなくなってしまうため、進化にとってはきわめて都合が悪い。ウォレスが目を付けたハンミョウが背景と完全に同化することはけっして叶わなくなってしまう。だが現実の世界では、金髪の親と黒髪の親から生まれる子は、金髪か黒髪のどちらかかもしれない。あるいはどちらの親とも違って赤毛かもしれない。遺伝の持つこの特徴を説明するために、メンデルはダーウィンの存命中に実験をおこなって結果まで発表した。ところがメンデルの発見は、二〇世紀初めまでほとんど知られることがなかった。

エンドウマメの「観察」

メンデルは一八二二年、ウォレスより六か月早く生まれ、一八八四年に世を去った。現在のポーランドとドイツとチェコの国境にまたがるモラヴィア地方の小村の貧しい家に生まれた。ヨハンという洗礼名をもらい、学校で勉学に励んだが、貧しい家の聡明な若者にふさわしい職業は聖職者しかなかった。そこで一八四三年、ブリュン（現在のブルノ）を拠点とするアウグスティノ修道会の修練士となり、グレゴールという名を授かった。そして聖職者としての階級を上げていって学校教師となり、修道院長の指示で一八五一年から五三年までウィーン大学で学んだ。メンデルは単なる司祭ではなく、研鑽（けんさん）を積んだ科学者でもあったのだ。それはけっして珍しいことではなかった。ブリュンの修道院は宗教的拠点のみならずいわばミニ大学のようなもので、植物学者や天文学者も擁していた。町におけるメンデルの一番の役割は学校教師だったが、司祭としての務めもおこなうとともに、時間が許せば遺伝の作用に関する実験もおこなった。世代から世代へ特徴が受け継がれるさまに魅了されてネズミの交配を始めたが、一八五六年に植物に対象を移し、それがエンドウマメに関する画期的な研究へとつながっていく。

何種類かの植物を調べた末にエンドウマメを選んだのには、れっきとした理由があった。エンドウマメには確実に子に受け継がれる明瞭な特徴があり、それを統計的に解析することができたのだ。メンデルの研究の鍵となったのは統計解析で、それは時代をはるかに先取りしていた。メンデルは、種子がしわしわかすべすべか、黄色か緑色かなど、いくつかの特徴を選び出して調べていった。そして独自の方法論として、生物学の研究に物理学者のような姿勢で挑んだ。実験を何度も繰り返して詳細な記録を取り、統計検定によってデータを解析したのだ。最初に二万八〇〇〇株のエンドウマメからスタートし、そのなかから一万二八三五株を選んで詳しく調べた。そしてその一株ずつについて子孫の記録を取り、家系図のようなものを作った。のちの世代のどの株についても、その両親、祖父母、さらにその祖先たちが分かるようにしたのだ。そのためには、決まった一つの株の花粉を別の決まった一つの株に付けるという作業を、何千株もの植物の花一つ一つについて手作業でおこなわなければならなかった。植物が成長したら、手入れをしながら一株ずつの特徴を記録した上で、この作業を何世代も繰り返す。そうして七年をかけてデータをまとめ上げ、対象とした特徴が世代から世代へどのように受け継がれるかを導き出した。

種子がしわしわ（またはすべすべ）という性質がどのように遺伝するかという一つの例を見ただけでも、メンデルが何を発見したのかははっきりと理解できる。メンデルは、植物の中の何かが世代から世代へ受け渡され、それによって子の性質が決まることを発見した。いまではその何かは、遺伝子または遺伝子群と呼ばれている。メンデルはその代わりに「遺伝要素」または「因子」という言葉を使ったが、ここでは現代の用語を使うことにしよう。メンデルは統計解析によって、対象とした特徴が遺伝子のペアと関連していることを明らかにした。ペアの一方の遺伝子は種子がしわしわであること（R）に関連していて、もう一方の遺伝子は種子がすべすべであること（S）に関連している。各個体はそれぞれの親からそのどちらか一方を受け継ぐ。結果として子は、RR、RS、SSという組み合わせのうちのどれか一つだけを持つことになる。そしてその次の世代には、その二つの遺伝子のうちのどちらか一方が受け渡される。RRやSSの株はそれぞれRとSを子に渡すしかないが、ＲＳの株は、半数の子にはRを、残り半数の子にはSを渡すことになる。さらにメンデルは、ＲＲの株は必ずしわしわの種子を付け、ＳＳの株は必ずすべすべの種子を付けることを見出した。しかし入念な統計解析をしたところ、ＲＳの株ではRは無視されて、種子は必ずすべすべになることが分かった。

それが分かったのは、ＲＳの株どうしを交配させたからだ。その子のうち二五パーセントは種子がしわしわで、七五パーセントはすべすべだった。メンデルはこの結果を次のように説明した。種子のうちの二五パーセントはＲＲ、二五パーセントはＳＳで、それぞれしわしわの種子とすべすべの種子を付ける。残り二五パーセントはＲＳ、二五パーセントはＳＲで、これらを足すと五〇パーセントとなり、このどちらもすべすべの種子を付ける。ここで重要なのは、ＲＳやＳＲの株がしわしわの種子を五〇パーセント、すべすべの種子を五〇パーセント付けるということもないし、少しだけしわしわの種子を付けることもないという点である。いまではS因子は顕性（優性）、R因子は潜性（劣性）と呼ばれている。

メンデルのこの結果は一八六五年二月にブリュン自然科学研究協会で発表され、一八六六年に同学会の会報に掲載されたが、その学術誌は当時ですら世に知られておらず、この結果の重要性は認識されなかった。植物学と数学を組み合わせるというのは今日では自然な方法だが、当時この論文を読んだ数少ない人たちは面食らったことだろう。メンデルは一八六八年に町の大修道院長となり、それ以上科学研究を進める余裕はなくなった。ようやく一九世紀末になって、ほかの研究者たちがこれと同じ遺伝の法則を独自に見出したことで、この論文が再発見されてメンデルはしかるべき評価を得ることとなる。メンデルがとくに指摘した五つの重要なポイントを挙げておこう。

- 生物の身体的特徴はそれぞれ一つの遺伝因子に対応している。
- 遺伝因子はペアで存在する。
- 一方の親から子へは、各ペアのどちらか一方だけの遺伝因子が受け渡される。
- ペアのなかのそれぞれの遺伝因子が子に受け渡される確率は、統計的に厳密な意味で互いに等しい。
- 遺伝因子のなかには顕性のものと潜性のものがある。

メンデルが発見したこの遺伝の法則は、自然選択による進化の理論を理解する上できわめて重要な意味を帯びている。第一に、両親の特徴が混ざり合って子に受け継がれることはない理由を説明できる。第二に、それぞれの特徴が互いに独立して遺伝することが示されている。たとえばエンドウマメが緑色か黄色かによって、しわしわかすべすべかが左右されることはない。進化のメカニズムの解明に向けた次なる一歩は、二〇世紀初めにトマス・ハント・モーガン（一八六六－一九四五）によって踏み出されることとなる。しかしその歴史的背景を知るために、少々時代をさかのぼって、生命の基本単位が細胞であることが明らかになった経緯を見ていく必要がある。

細胞の誕生

生物学で「細胞(セル)」という言葉が初めて使われたのは、ロバート・フックがコルクの薄片を顕微鏡で観察していて、ある構造を目にしたときだった。フックはその構造から、修道士の暮らす小房（セルラ）を連想したのだ。一九世紀の生物学者が性能の向上した顕微鏡で生物の構造を調べた際に、この言葉をそのまま使いつづけたため、現在の我々が細胞と呼んでいる構造はフックが観察したものよりもさらに小さい。一八三八年になってドイツの植物学者マティアス・シュライデン（一八〇四－八一）が、すべての植物の組織は細胞からできていると提唱し、その一年後に同じくドイツのテオドール・シュヴァン（一八一〇－八二）が、動物も含めすべての生物が細胞からできているという説を示した。二人は一八四〇年代に細胞が生命の基本単位であるとする説を発展させ、一個一個の細胞がどれも生命の性質を備えているだけでなく、複雑な生物もその構造はすべて細胞から作られていると指摘した。そうして初めて、卵や種子は増殖する能力を持った一個の細胞であり、それが多数の細胞に分裂することで成熟した個体が作られることが明らかとなった。シュライデンは、「生物は細かい区画に分かれた一つの国で、一個一個の細胞はその市民である」と述べている。[34] それまで生命は一つの個体全体が持つ謎めいた特性だと考えられていたが、これ以降、ちっぽけな細胞ですら持っている特徴であるとみなされるようになった。

　ここからもう一つの大発見につながった。一八五〇年代末、同じくドイツ人のルドルフ・フィルヒョウ（一八二一－一九〇二）が、ロベルト・レマク（一八一五－六五）の研究に基づいて、どんな細胞もひとりでには生まれないことを示した。* 一八五八年（ダーウィンとウォレスの共著

＊フィルヒョウはレマクの研究結果を剽窃したのではないかといわれているが、この説を世間に広めたのは確かにフィルヒョウで、それは一八五八年の著書『細胞病理学』においてだった。

論文が発表されたのと同じ年）に、どんな細胞にもそのもととなる細胞が必ず存在すると指摘したのだ。どんな動物にも親がいて、植物がほかの植物の種子からしか生まれないのと同じように、細胞もほかの細胞が分裂することでしか生まれない。今日の地球上で生命がひとりでに出現することはけっしてない。すべての細胞は、地質学的に遠い過去の祖先（または祖先たち）から綿々と続く系統の子孫である。ただしフィルヒョウは、文字どおりたった一個の細胞が今日の地球上に棲むすべての生物の祖先であるとまでは唱えなかった。しかしいまでは、地球上のすべての生物が分子レベルで互いに似ていることをもっともうまく説明してくれるものとして、その説は広く受け入れられている。最初の細胞の起源はいまだ謎に包まれていたが、フィルヒョウの研究によって、今日の動植物に宿る生命の起源については謎は一掃されたのだ。

この結論が完全に受け入れられると、生命の研究はすなわち細胞の研究となった。すべての細胞は基本的に同じ構造をしていて、さしわたしは一〇から一〇〇マイクロメートルほど、厚さ一〇〇〇分の一マイクロメートルにも満たないきわめて薄い膜（または壁）でできた袋のなかに、水っぽいゼリーのような物質が詰まっている。本書にもっとも関係のある、動植物の身体を作る細胞はすべて、中心に色の濃い核を持っている（のちに物理学者は原子の中心にある芯を表すのにこの言葉を拝借する）。一個の細胞を取り出すと石鹸の泡のようにひとりでに球形になるが、ほかの細胞と一緒になると押しつぶされたり引き伸ばされたりしてさまざまな形になる。細胞膜はれんが塀のように一個一個の細胞を分け隔てているが、れんが塀と違って求めに応じ特定の化学物質を細胞の内外に通過させることができる。

一種類の生物だけに着目すると、解明すべき生命の謎はつまるところ、卵子という一個の大きな細胞と精子という一個の小さな細胞が合体して一個の細胞になり、それがいくつもの段階からなる複雑なプロセスを経て何度も分裂して成体になるというメカニズムに行き着く。その発生の各段階を顕微鏡で観察した一九世紀末の生物学者は、それが何らかのマスタープランに従って進んでいるはずだということに気づいた。卵子のなかに隠れているミニチュアの成体が単に成長するというたぐいのものではなかったのだ。しかしそのマスタープランはどのようなもので、細胞のどこに隠されているのか？　そうしてスタートした道が、やがて「生命の分子」ＤＮＡの特定につながる。その本当の第一歩は、一八六〇年代にテュービンゲン大学に勤めていたスイス人生化学者フリードリヒ・ミーシャー（一八四四－九五）の実験によって踏み出された。

核酸と染色体

一八六六年にエルンスト・ヘッケル（一八三四－一九一九）が、遺伝する特徴を伝える因子は細胞核のなかに収まっているという仮説を示した。当時すでに、身体の構造を作るもっとも重要な物質がたんぱく質であることが知られていた（たんぱく質を表すproteinという単語は「もっとも重要な」という意味である）。たんぱく質は複雑な分子で、その重さは、炭素原子一個の重さを一二単位として数千から数百万単位にも達し、そこから大きさについてもある程度想像がつく。たんぱく質はもっとずっと小さいアミノ酸というサブユニットから作られていて、アミノ酸の重さは同じ単位で一〇〇をわずかに超える程度である。たった二〇種類のアミノ酸がときに膨大な数、複雑な形で連結して、生物の構造をなすさまざまなたんぱく質を形作っている。アミノ酸自体は、炭素、水素、酸素、窒素（まとめてＣＨＯＮと呼ぶ）、およびものによっては硫黄の原子から構成されている。

ミーシャーは、生命活動の鍵を握る細胞内の化学プロセスに関わるたんぱく質を特定しようと考えた。そこで近くの外科医院から膿(うみ)の付着した包帯を提供してもらい、それを実験材料として使った。そして膿からヒトの白血球を分離し、その細胞内を占める水っぽいゼリーに予想どおりたんぱく質が多量に含まれていることを見出した。それと同時にある新事実も発見した。白血球を弱アルカリ溶液で処理して化学分析したところ、たんぱく質とは別の物質が存在することが明らかとなったのだ。顕微鏡で観察してみると、アルカリ溶液によって細胞核が膨張して破裂することが分かった。したがって、見つかった新物質は細胞核から出てきたに違いない。細胞核はたんぱく質とは別の物質でできていたのだ。ミーシャーはその物質を「ヌクレイン」と命名した。ヌクレインはたんぱく質と同じく炭素、水素、酸素、窒素を含んでいたが、それだけでなく、たんぱく質にはけっして見られないリンも含んでいた。ミーシャーは次のように記している。「不完全かもしれないがこれらの分析結果から見て、私の扱っている物質は雑多な混合物ではなく、……一種類の化学物質か、または互いにきわめて近い物質の混合物であると考えられる」。しかしヌクレイン分子は巨大なため、その構造を導き出すことはできなかった。ミーシャーはこの研究の第一段階を一八六九年に完了させ、テュービンゲン大学を離れて論文を書き上げた。しかし普仏戦争などさまざまな不運が重なったため、出版されたのは一八七一年のことだった。ミーシャーのその後の研究でヌクレイン分子には酸性基がいくつも含まれていることが分かり、一八八〇年代末以降この物質は「核酸」と呼ばれるようになった。

当時すでにミーシャーの研究などによって、細胞の働きに関する知見が再度大きく前進していた。細胞が生命の基本単位として重要であることが明らかになると、一個一個の細胞がどのようにして分裂して増殖するのかという最大の問題が関心を集めるようになった。そこで細胞学者は色素を使って細胞を染色し、細胞内の構造体が浮かび上がって見えるようにした。そうして一八七九年にドイツ人生物学者のヴァルター・フレミング（一八四三－一九〇五）が、細胞内の糸のような構造体に色素がきわめて強く吸着し、細胞分裂の間にその構造体がはっきりと見えるようになることを発見した。その糸状の構造体は容易に染色されることから染色体と呼ばれるようになり、ほかに細胞のなかに見つかった構造体には染色分体や有色体といった名前が付けられた。フレミングは、細胞分裂のプロセスの各段階で細胞を殺して染色し、顕微鏡で観察することによって、その過程で起こる出来事のパターンを明らかにし、それを有糸分裂と命名した。その詳細が完全に解明されるまでには何年もかかったが、要点を言うと、普段は細胞核のなかに詰め込まれている染色体が細胞のメカニズムによって複製され、一方のセットの染色体が細胞の片側に、もう一方のセットの染色体が細胞の反対側に移動して、細胞が中央で分裂し、完全なセットの染色体を持った二個の細胞ができる。一方が「親（おや）」でもう一方が「娘（むすめ）」などと言うのは無意味で、両方とも最初の細胞の正確なコピーである。細胞にとって染色体が重要であることが明らかとなり、やがてそのなかには細胞を機能させるための青写真、いわば使用説明書が収められているに違いないと考えられるようになった。しかしそれだけでは話が片付かないことも明らかだった。卵子と精子が合体して新たな個体のもとができるときには、いったい何が起こるのか？　なぜ受精卵には染色体が二組含まれたりしないのか？

その答えは一八九〇年代、ドイツのフライブルクを拠点とする動物学者のアウグスト・ヴァイスマン（一八三四－一九一四）によって、少なくともおおざっぱな形で示された。一八八六年にヴァイスマンは、卵子や精子（まとめて「生殖細胞」と呼ばれる）には生命に欠かせない何らかの物質が含まれていて、それが世代から世代へ受け渡されるに違いないと提唱した。そしてその後、その遺伝物質は染色体のなかに入れられて運ばれるはずだと（正しく）推測した上で、次のように結論づけた。「染色体のなかに存在する、ある決まった化学組成、とりわけ決まった分子構造を持つ物質が世代から世代へ伝えられることで、遺伝が起こる」。さらにヴァイスマンは、世代を重ねるにつれて細胞内に遺伝物質がどんどん蓄積していくのを避けるには、生殖細胞はある特別な細胞分裂（現在では「減数分裂」と呼ばれている）によって生成し、その際に遺伝物質が半分になると考えるしかないと見抜いた。のちになって解明されるその詳細をここで説明しておくべきだろう。染色体はペアをなしていて、細胞内で対になって存在していることがいまでは分かっている。有糸分裂の際には、各ペアがひとまとまりで複製して受け継がれる。しかし減数分裂ではペアが分かれて、有糸分裂よりもさらに複雑な細胞分裂が起こる。最初に各ペアの染色体どうしのあいだでいくつかの断片が交換されて、[*]新たにシャッフルされた染色体をフルセットで持った二個の娘細胞が生じ、それらが染色体の複製を伴わずに再び分裂することで、ペアになっていない染色体を一セット持った四個の細胞ができる。卵子と精子が合体すると、それぞれの生殖細胞に含まれていた染色体どうしが新たなペアを作って、染色体がフルセットに戻る。ここで重要なのは、染色体の半分が一方の親由来、もう半分がもう一方の親由来であることだ。具体的に言うと、各ペアの一方の染色体は一方の親から、もう一方の染色体はもう一方の親から受け継いだことになる。

減数分裂の詳細を除いて以上のような知見が得られていたその頃、メンデルの遺伝の法則が再発見された。しかも一度でなく、互いに独立して研究していた三人の研究者によってである。

染色体の存在が明らかとなり、それが遺伝に役割を果たしているのではないかと考えられるようになったのを受けて、当然ながら実験科学者たちは、四〇年前のメンデルの実験のことなど知らずにそれと同様の実験に目を向けはじめた。そうして一九世紀も終わりに近づいた頃、何人もの研究者が互いに独自にそのような研究を進め、そのなかにはメンデルと同じ理由でエンドウマメを使う者もいた。この新たな研究ブームの口火を切ったのは、オランダで植物を研究していたフーホー・ド・フリース（一八四八－一九三五）で、一九〇〇年三月に二本の論文を発表した。フランス語で書かれた一本目は自身の実験結果を短くまとめたもので、メンデルにはいっさい言及していない。ドイツ語で書かれた二本目はもっと詳細な報告で、そこにはメンデルに関する言及がある。ド・フリースはメンデルの論文について、「この重要な研究論文はめったに引用されていないため、私自身も自分の実験をおおかた片付けて独自に上記の仮説を導き出すまでその存在を知らなかった」と述べているが、実際にどうやってメンデルの研究のことを知ったのかには触れていない。[35] ド・フリースのフランス語の論文は、エンドウマメなどを使って同様の実験をおこなっていたドイツ人植物学者のカール・コレンス（一八六四－一九三三）に大きな衝撃を与えた。コレンスは自身の結果を発表する前に丹念に科学文献をチェックしてメンデルの論文を見つ

＊染色体の一つのペアが赤色の糸と緑色の糸でできているとイメージすると、このプロセスではそれぞれの糸が互いに同じ場所でいくつかに切断されて断片が交換され、赤色と緑色が交互に並んだ新たな糸が二本できる。一方の糸で赤色の部分は、もう一方の糸では緑色になる。

けていた上に、論文発表にこぎつける前にド・フリースに先を越されたのだった。また、オーストリア人研究者のエーリヒ・フォン・チェルマク＝ザイゼネク（一八七一－一九六二）も同様の実験をおこなっていた。最終的にメンデルが初めてこの研究をおこなったと誰もが認め、三人のあいだでの醜い先取権争いは回避された。彼らの（そしてメンデルの）研究の意義は、アメリカやイギリスやフランスの研究チームによってまもなく裏付けられた。そうして一九〇〇年末までに、メンデルとその遺伝の法則は科学史のなかで確固たる地位を築いた。

遺伝子の発見

遺伝において染色体の果たす役割が発見されて、メンデルの遺伝の法則が再発見されたのちに、核酸には二種類あることが分析によって明らかとなる。いまでは科学者でない人にとっても少なくとも名前だけは馴染み深い物質、ＤＮＡとＲＮＡである。両タイプの分子には、塩基と呼ばれるサブユニットが四種類含まれている。ＤＮＡの場合にはそれらはアデニン、グアニン、シトシン、チミンと呼ばれ、それぞれ頭文字のＡ、Ｇ、Ｃ、Ｔで表される。ＲＮＡにはチミンの代わりにウラシル（Ｕ）が含まれている。しかしこれらがすべて発見されるまでには長い年月がかかった。生命の分子であるＲＮＡとＤＮＡの「発見」には、何年もの歳月と大勢の人の研究が関わっていたのだ。実際にこれらの分子を命名したのは、ロックフェラー医学研究所に勤めていたロシア生まれのアメリカ人、フィーバス・レヴィーン（一八六九－一九四〇）である。

レヴィーンが酵母細胞由来の核酸を使って実験を始めたのは、ド・フリース、コレンス、チェルマクの画期的な研究から数年後のことだった。この核酸には、Ａ、Ｇ、Ｃ、Ｕが互いにほぼ同量含まれていたのに加え、一個のリン原子に酸素原子が四個結合したリン酸基と呼ばれるユニットが含まれていた。そのほかに、炭素と水素と酸素からなる複雑な分子である炭水化物も含まれていたが、レヴィーンが研究を始めたときにはそれはまだ特定されていなかった。一九〇九年にレヴィーンはその物質を単離して、リボースという糖であると特定した。糖の分子は、炭素原子四個と酸素原子一個からなる五角形の環に原子が何個か結合した複雑な構造をしている。レヴィーンは、核酸自体もいくつかのユニットが連結したもので、その一つ一つのユニットがリン酸基と糖と塩基一個ずつから作られていることを明らかにし、そのユニットをヌクレオチドと命名した。しかしこれらの構成部品がどのように連結しているのかは誰にも分からなかった。

そこでレヴィーンは、このヌクレオチドが背骨の椎骨(けいこつ)のように一列に連結することで核酸が形作られているのだろうと考えた。そして一九〇九年にこの分子にリボース核酸という名前を与え、まもなくしてそれはＲＮＡという略称で呼ばれるようになった。ＲＮＡには四種類の塩基が互いに等量含まれていたことから、レヴィーンは、四種類の塩基それぞれを含むヌクレオチド四つが連なって短い鎖を作り、それがさらにいくつもつながってＲＮＡ分子ができているのだろうと推測した。塩基のみに注目すると、Ａ－Ｃ－Ｕ－Ｇ　Ａ－Ｃ－Ｕ－Ｇ　Ａ－Ｃ－Ｕ－Ｇというように、同じ形のユニットがいくつも連なっているということになる。この説は「テトラヌクレオチド仮説」と呼ばれるようになった。実はこの仮説は間違っていたのだが、何十年かにわたって核酸に対する考え方に影響を与えつづけた。とくに、生命にとって本当に重要な分子はすべてたんぱく質であって、核酸はたんぱく質が取りつくための一種の足場にすぎないという考え方につながった。

レヴィーンはさらに二〇年後の一九二九年に、もう一種類の核酸を発見した。胸腺細胞から抽出したその物質には、ＲＮＡとは異なる糖と、Ｕの代わりにＴが含まれていることが分かった。その糖の分子はリボースと比べて酸素原子が一個少なかったため、レヴィーンはそれをデオキシリボースと名付け、その核酸自体はデオキシリボ核酸、ＤＮＡと呼ばれるようになった。現在ではそれぞれのタイプの核酸は、リボ核酸、デオキシリボ核酸というもう少し短い名前で呼ばれることが多い。レヴィーンはＤＮＡ分子についても、ＵがＴに置き換わってヌクレオチドがＡ－Ｃ－Ｔ－Ｇ　Ａ－Ｃ－Ｔ－Ｇ　Ａ－Ｃ－Ｔ－Ｇというように同じ順番でつながっているはずだと考えた。しかしレヴィーンがＤＮＡを特定して命名する一年前にはすでに、核酸が単なる足場ではないことを示す最初の手掛かりが得られていた。その話をするには、またもや時代を少々さかのぼる必要がある。

進化のメカニズムの解明に向けた重要な一歩は、一九一〇年代にコロンビア大学に勤めていたトマス・ハント・モーガンとその共同研究者たちによって踏み出された。モーガンが扱っていたのはエンドウマメでなくショウジョウバエだったが、本質的にはメンデルと同じたぐいの実験である。エンドウマメは一年に一度しか新たな世代を生まないが、ショウジョウバエは二週間ごとに新たな世代を生むだけでなく、メスが一度に卵を数百個産むので、解析できるデータが豊富に得られる。ショウジョウバエの場合、各個体の性別は一本の染色体によって決定され、その染色体はきわめて容易に特定できる。性別を決めるその染色体には二種類あって、形状からＸとＹと呼ばれている。多くの生物種では、メスの細胞にはＸＸというペアが、オスの細胞にはＸＹというペアが入っている。子は母親からは必ずＸを一本受け継ぎ、父親からはＸとＹのどちらか一方を受け継ぐ。父親からXを受け継いだ個体はメスになり、Yを受け継いだ個体はオスになる。しかしモーガンは、これらの染色体にはそれ以外の働きもあることを発見した。

まずモーガンは、すべて赤い眼を持ったハエの集団から実験をスタートさせた。しかし一九一〇年、研究対象である数千匹のハエのなかに、偶然の変異によって白い眼を持ったオスが一匹いることに気づいた。そこでその白い眼のオスと赤い眼のメスを交配させて、何が起こるかを観察した。するとそれらの子はすべて赤い眼を持っていた。続いてメンデルがエンドウマメでおこなったのと同じように、孫やその後の世代へと観察対象を広げていった。すると第二世代には、赤い眼のメス、赤い眼のオス、白い眼のオスはいたが、白い眼のメスはいなかった。モーガンは入念な統計解析をおこなった末の一九一一年、白い眼の変異を引き起こす因子が何であれ、それはX染色体のなかにあるはずだと結論づけた。第二世代のメスでは、たとえ一本のX染色体のなかにその変異があっても、もう一本のX染色体のなかにある正常な遺伝因子によって抑制されている。しかしオスには、そのような働きをする「もう一本の」X染色体がない。モーガンの研究チームはさらなる実験によって、ショウジョウバエにはほかにも性別と関連した性質がいくつかあって、それらはX染色体によって伝えられるに違いないことを示した。そしてモーガンは、メンデルが使った「因子」という言葉の代わりに、デンマーク人植物学者のヴィルヘルム・ヨハンセン（一八五七－一九二七）が命名した「遺伝子」という言葉を選び、糸のような染色体に遺伝子がビーズのように通された模式図を考案した。

ここで重要な点は、各個体がそれぞれの親から別々の種類の遺伝子を受け継いでも、その二本がまったく同じように振る舞うとは限らないことである。そのように同じ遺伝子でも異なる種類のことを、アレル（対立遺伝子）という。メンデルの実験に戻って現代の用語を使えば、マメの色を決める遺伝子は一つだが、それには二種類ある。緑色にするアレル（〝a〟と書く）と、黄色にするアレル（〝A〟と書く）である。色を決めるこの遺伝子はエンドウマメの細胞内にある一組の染色体ペアに入っているが、そのペアを構成する二本の染色体それぞれに乗っているアレルどうしは必ずしも同じではない。その組み合わせはAA、Aa、aA、aaの四通りありうる。AAの場合、当然マメは黄色に、aaの場合は緑色になる。しかしAaやaAの場合は、黄色と緑色の縞模様やまだら模様でなく、必ず黄色になる。Aというアレルが顕性だからだ。アレルAの持っている指示だけが表に現れ（発現し）、アレルaは無視される。多くのアレルのペアにもこれと同じような挙動が見られる。

さらなる研究によって、減数分裂の際に遺伝子がシャッフルされて新たな組み合わせの生殖細胞が作られるプロセスが明らかになってきた。先ほど述べたように、染色体のペアが切り刻まれて二本の染色体のあいだで断片が交換され（「交叉（こうさ）」という）、再びつなぎ合わされる（「組み換え」という）。染色体上で遠く離れている遺伝子どうしほど、この交叉と組み換えのプロセスで離れ離れになる確率が高い。逆に、互いに近い位置にある遺伝子は一緒のままでいる可能性が高い。この傾向を利用して丹念な実験を何度も重ねることで、いくつかの生物種の染色体上に遺伝子がどのような順番で並んでいるかが地図として描き出された。しかしメンデルの説いた遺伝のメカニズムの正しさが認められた重要な瞬間は、モーガンらが一九一五年に名著『メンデルによる遺伝のメカニズム』を出版したときだった。モーガンはさらに遺伝の研究を続けて一九二六年に『遺伝子の理論』を出版し、一九三三年には「遺伝において染色体が果たしている役割に関する発見」によりノーベル生理学・医学賞を受賞した。その頃にはすでに、自然選択の法則と遺伝の法則を融合させた理論の基礎が固まっていた。のちにそれは「総合説」と呼ばれるようになるが、この言葉が生まれたのは一九四二年、ジュリアン・ハクスリー（「ダーウィンのブルドッグ」の孫）の著書『進化——総合説』においてであった。

現代の目から見ると奇妙に思えるかもしれないが、二〇世紀初めにメンデルの法則が再発見された当初、それはダーウィン＝ウォレスの自然選択説に一撃を食らわせるものと受け止められた。自然選択説は変化が少しずつ起こることを前提としているが、ド・フリースらの実験では、マメの色やしわなどの性質がある世代から次の世代で突然変化した。しかしそれは、メンデルやその法則を再発見した人たちが、黄色か緑色か、しわしわかすべすべかといった、一つの世代から次の世代での変化がはっきりと見て取れるような例を意識的に選び出していたからにすぎない。大部分の生物が持つほとんどの特徴は、そのように単純な二者択一の形で遺伝するわけではない。ヒトは背が高いか低いかのどちらか一方ではなく、多数の遺伝子全体（遺伝子型）の影響が作用し合ってさまざまな体型や身体の大きさ（表現型）になる。スウェーデン人遺伝学者のハーマン・ニルソン＝エール（一八七三－一九四九）は、一つの遺伝子における何種類かのアレルが個体の一つの特徴におよぼす影響を調べるために、穀粒の色が五通りあるコムギを交配させて実験をおこなった。その結果、二組の染色体ペアの上にある二組のアレルが同時に受け継がれると仮定すれば、これらの色の出現頻度がメンデルによる遺伝の統計法則と完全に一致することを見出した。ハーヴァード大学のエドワード・イースト（一八七九－一九三八）も、花の長さが長いものと短いものの二種類あるタバコを使って同様の実験をおこなった。

これらの研究を受けて数学者も参入してきた。そして、全世界の人類の集団など大きな個体群の場合、一つの遺伝子に膨大な種類のアレルが存在していて、各個体がそれぞれ異なるアレルを持ちうることに気づいた。一つの個体は一つの特徴に対して一組のアレルを持っているだけだが、その同じ遺伝子にはほかに何種類ものバージョンがあって、ほかの個体の細胞には異なるバージョンが入っているのだ。原理的に言えば、次の世代にはそれらのアレルのうちのどれがペアになってもおかしくない。環境に何かが起こってある特定のアレルが有利になれば、そのアレルは集団全体に急速に広まっていくはずだ。

たとえば現在、ヒトの瞳の色はさまざまだし、たとえば青い瞳に進化上の明らかな利点はない。しかしもし太陽の放射量が変化して青い瞳の効率が上がり、青い瞳を持ったヒトのほうが簡単に食料を探せるようになったら（現代のテクノロジーは無視しよう）、青い瞳を作るアレルが集団全体に広まって青い瞳のヒトが増えるだろう。一九二〇年代に四人の数学者が、集団全体にアレルがどれだけ効率的に広まるかを計算した。その四人とは、イングランドのR・A・フィッシャー（一八九〇－一九六二）とJ・B・S・ホールデン（一八九二－一九六四）、アメリカのスーアル・ライト（一八八九－一九八八）、そしてソ連のセルゲイ・チェトヴェリコフ（一八八〇－一九五九）である。各個体が膨大な種類のアレルを持ちうる生物種に自然選択がどのような力をおよぼすかは、フィッシャーの一九三〇年の著書『自然選択の遺伝学的理論』にまとめられている。四人の研究で明らかになったとおり、既存のアレルに変異が起こって新しいアレルが生まれ、そのアレルを持った個体が持たない個体に対してわずか一パーセントだけ有利であれば、そのアレルは一〇〇世代もせずに集団全体に広まる。地質学的証拠と辻褄が合うくらいには遅いが、ハンミョウの完璧な擬態を説明できるほどには速いスピードだ。個体レベルではあまりにも小さくて、野生の動植物の研究者ですら気づかないくらいの優位性であっても、変異した遺伝子が広まるのには十分な大きさである。専門家のあいだで詳細をめぐって議論は続いたが、総合説は一九三〇年代初めに事実上確立され、関心の的は染色体レベルで起こっていることと、進化におけるＤＮＡの役割の発見へと移っていった。

第8章　DNAの役割を明らかにする

トマス・ハント・モーガンによって遺伝子の役割が明らかになりはじめたのと同じ頃、一見無関係な分野の実験科学者たちが、のちに分子レベルでの遺伝のメカニズムを暴くこととなる手法の開発を進めていた。その話から読み取れるとおり、ときに新たな科学的発見はすぐさま実験に応用されて、さらなる発見への道を拓くものだ。

一八九五年にX線が発見されたが、当初その性質は謎に包まれていた。電子のような粒子の流れなのか、あるいは光のようだが波長のもっとずっと短い電磁波なのか、誰も明らかにできなかった。*ブレークスルーが訪れたのは一九一二年、ミュンヘン大学のマックス・フォン・ラウエ（一八七九－一九六〇）率いる研究チームが、結晶によってX線が回折することを発見したことによる。二本の細いスリットを開けた板に光を当てると、反対側に光の波が広がって明暗の干渉パターンができる。フォン・ラウエは、硫化亜鉛の結晶に含まれる原子どうしの隙間がちょうど良い大きさの「スリット」になって、X線でもこれと同様の効果が生じるだろうと思いついた。そこで研究チームが実験したところきわめて複雑な回折パターンが現れ、その解釈は難しかったものの、X線が波動としての性質を持つことははっきりと示された。写真乾板上に浮かび上がったそのパターンには、照射したX線ビームによるスポットを中心にいくつもの明瞭なスポットが見られ、それらは互いに交差する円の交点上に並んでいた。フォン・ラウエは一九一四年、「結晶によるX線の回折の発見」によりノーベル物理学賞を受賞した。しかしその頃にはすでに別の研究チームが、この回折過程の詳細を明らかにしようとしていた。

その頃、リーズ大学のウィリアム・ヘンリー・ブラッグ（一八六二－一九四二）は物理学者として確固たる地位にあった。その息子ウィリアム・ローレンス・ブラッグ（一八九〇－一九七一、つねにローレンスと呼ばれていた）は、ケンブリッジ大学で物理研究者の道を歩みはじめたばかりだった。ウィリアムは初め、フォン・ラウエの研究チームが発見した回折パターンを粒子に基づいて説明しようとしたが、まもなくしてそれが波動によって作られると確信する。そして息子とその帰結について議論した末に、明暗のスポットの並び方を解析して回折パターンを逆にたどっていけば結晶の構造を特定できるはずだと思いついた。さらにローレンスは、ある特定の間隔で原子の並んだ結晶に特定の波長のX線を照射すると、どこに明暗のスポットが現れるか、それを計算するための法則を導き出した。ブラッグの法則と呼ばれるようになったその法則は、どちらの方向の計算にも当てはまる。結晶中の原子どうしの間隔が分かっていれば、回折パターンに基づいてX線の波長を測定できるし、逆にX線の波長が分かっていれば、回折パターンに基づい

＊のちに光も電子も波動と粒子の両方の性質を持っていることが明らかとなるが、それは本書の話には関係ない。詳しくはジョン・グリビン著『シュレーディンガーの猫』を見よ。

て結晶中の原子の並び方を導き出せる。ローレンスはこの法則を使ってフォン・ラウエらの回折パターンの意味を解釈したが、その実験で用いられたX線の波長に関する情報が不十分だったため詳細な計算はできなかった。そこでウィリアムはさらに実験をおこない、波長を精確に測定するためのX線分光計も開発した。そしてその実験で得られたデータをブラッグの法則に当てはめたところ、ぴたりと一致した。こうしてX線が波動として振る舞うことが立証されると、さまざまな結晶の構造を解析できるようになり、それがのちにDNAの話とつながってくる。

DNAのように何種類もの原子を多数含む複雑な構造の分子の場合、X線回折のデータを解釈するのはきわめて難しい。しかしもっと単純な結晶ならば計算は容易で、まもなくしてこの手法により、たとえば塩化ナトリウム（食塩、NaCl）の結晶は多数のNaCl分子が集まってできているのではなく、ナトリウム（Na）原子と塩素（Cl）原子が等間隔に交互に並んだ格子状の構造であることが明らかとなった。ブラッグ親子の研究成果は、ローレンスがフランスでイギリス陸軍に従軍していた一九一五年に出版された著書『X線と結晶構造』に収められた。同じ年にブラッグ親子は、「X線を用いた結晶構造の解析への貢献」によりノーベル物理学賞を受賞した。そのときローレンスはわずか二五歳、物理学賞の受賞者のなかでいまだに史上最年少である。ノーベル賞受賞講演では次のように述べている。

……X線を用いた結晶構造の解析によって、固体のなかで原子が実際にどのように並んでいるかが初めてとらえられるようになった。……真の固体状態にある物質であれば、ほぼどんな種類でもX線を使って解析できるだろう。固体中での原子の正確な並び方が初めて明らかとなり、いまでは原子どうしがどれだけ離れていてどのように集まっているかを見ることができる。

それから数十年のうちに、この手法によってたんぱく質やＤＮＡの構造が解明されていくこととなる。しかしそれは遺伝におけるＤＮＡの中心的な役割が発見されてからのことで、その役割がようやく明らかになりはじめたのは一九二〇年代末のことだった。

次なるそのステップでは、さらに短いタイムスケールで変化する対象を使って実験がおこなわれた。メンデルの使ったエンドウマメは一年で一世代しか生み出さず、遺伝を研究する機会はかなり限られていた。モーガンの使ったショウジョウバエは二週間ごとに繁殖した。イギリス保健省の医療技官であるフレデリック・グリフィス（一八七九－一九四一）が一九二八年に踏み出した次のステップでは、ものの数時間で変化が現れる細菌が使われた。そしてその実験によって、この変化に関わる重要な分子の正体へさらに一歩近づいた。グリフィスの一番の関心事は遺伝ではなかった。遺伝研究の道具としてではなく、病原体として細菌を研究していたのだ。しかしその研究のなかで発見したある事実が、進化の解明に欠かせない役割を果たすこととなる。

一九一八年から二〇年にかけて世界中でインフルエンザが流行し、第一次世界大戦の全交戦国における戦場での死者を上回る五〇〇〇万人以上が命を落とした。この流行を受けて世界各国の政府が感染症研究に力を入れはじめる。肺炎球菌の研究を専門とするグリフィスは、肺炎を予防するワクチンの開発を目指していた。そこで一九二〇年代初め、マウスへの影響が大きく異なる二つの系統の肺炎球菌を使って研究を始めた。一方の系統の細菌は多糖類の滑らかな保護膜に覆われていて、培養したものは光沢があった。この系統はsmooth（滑らか）の頭文字を取ってS型と名付けられた。もう一方の系統の細菌は保護膜がなく、培養したものはざらざらででこぼこしていた。この系統はrough（ざらざら）の頭文字を取ってR型と名付けられた。S型は病原性が高くて重い肺炎を引き起こすが、R型は病原性が低くて軽い症状しか引き起こさない（肺炎球菌にはもう一つの系統があるが、グリフィスは用いなかった）。それまで細菌学者は、この三つの系統は互いに完全に独立していて、世代を重ねてもそれぞれの性質は変わらないと考えていた。肺炎にかかったヒト（またはマウス）の体内に、この致死性と非致死性の両系統の肺炎球菌が同時に存在していることがあった。そこでグリフィスは、それがワクチン開発にどのような影響をおよぼすかを探ろうと実験をおこなった。

R型の肺炎球菌が身体に感染すると、免疫系はそれを侵入者として容易に認識し、深刻な害をおよぼす前に殺してしまう。しかしS型は保護膜がカムフラージュとして作用して免疫系から身を隠せるらしく、増殖して重い症状を引き起こし、死に至らしめることもある。グリフィスはまず、R型を接種されたマウスは生き延びるが、S型を接種されたマウスは死ぬことを明らかにした。そこで次に、熱処理して殺したS型の細菌をマウスに接種してみた。すると案の定そのマウスは生き延びたが、それとともにある驚きの結果が得られ、一九二八年一月にその結果を報告した。

その一連の実験では、無害である死んだS型の細菌と、無害である生きたR型の細菌を混ぜてマウスに接種した。すると何とそのマウスは死んでしまった。どちらの細菌も単独では無害なのに、混ぜると致死性になるのだ。そこでその死んだマウスから試料を採取したところ、そのなかからS型の細菌が大量に見つかった。生きたR型の細菌が生きたS型の細菌に、グリフィスの言葉を借りれば「転換」したのだ。この現象を説明するためにグリフィスは、死んだS型の細菌から生きたR型の細菌に転換因子（いまで言うところの遺伝物質）が移動したのだという仮説を立てた。R型の細菌がこの転換因子の助けを借りて、滑らかな保護膜の作り方を「学習」したというのだ。そこでさらなる実験として、転換したこの細菌を培養皿に移して観察してみた。すると、転換したR型の細菌から「新たな」S型の細菌が増殖して、S型の細菌のコロニーを作った。この発見について報告した論文のなかでグリフィスは、「R型が……S型に転換した」と記している。しかし、この転換にどのような分子が関わっているのかは分からなかった。それが明らかとなるのは一九四四年、グリフィスによるこの観察結果に触発されておこなわれた新たな実験による。[*]その頃すでに、結晶学によって重要な生体分子の構造が明らかになりはじめていた。

たんぱく質とX線

一九三〇年代にはいまだにたんぱく質が生物の情報を伝えていると考えられていたため、生体分子のなかでもX線結晶学によって真っ先に構造が調べられたのはたんぱく質だった。そして、たんぱく質はアミノ酸が長い鎖状に連なった構造をしていて、それが折りたたまれて三次元の複雑な形を作り、その形状によって生物学的性質が決まることが明らかとなった。

その解明に向けた第一歩は、一九三四年にケンブリッジ大学のJ・D・バーナル（一九〇一－

＊グリフィスは一九四一年のロンドン大空襲で命を落としたため、この展開を生きて見ることはなかった。

た。一九二〇年代にウィリアム・ブラッグとともに研究をしていたバーナルは、X線結晶学によってまずは黒鉛や青銅の構造を特定した。ところがその手法を有機分子に用いようとしたところ、ある問題に直面する。結晶を用意するには一般的に、「母液」と呼ばれる濃厚溶液のなかで結晶を成長させる。母液が蒸発するにつれて結晶が析出してくる。学校の理科の実験で食塩（塩化ナトリウム）や硫酸銅などの結晶を作ったのと同じだ。ばらばらだった分子や原子がひとりでに整列して、規則的なパターンを持つ「単位胞」が周期的に並んだ「結晶格子」が形成される。バーナルらは、精製したたんぱく質を同じように濃厚溶液にして放置しておけば結晶ができるだろうと思った。ところが乾燥したたんぱく質の結晶にX線を照射したところ、まるでトランプで作った家が崩れるように、結晶構造が壊れてしまったのだ。

一九三〇年代半ば、オックスフォード大学出身で当時スウェーデンのウプサラ大学の研究者だったジョン・フィルポットが、ペプシンというたんぱく質の結晶化を試みていた（ペプシンは消化酵素の一種で、食物中のたんぱく質を分解する）。あるとき、母液から析出した結晶をスキー休暇のあいだ実験室の冷蔵庫に放置していた。休暇から戻ってみるとその結晶が大きく成長していて、なかには長さ二ミリメートルに達するものもあった。そのときたまたま訪れていたケンブリッジ大学のグレン・ミリカンは、その結晶を一目見て「これを是が非でも欲しがりそうな人を知っている」と言ったという。いくらでも予備を持っていたフィルポットは、母液に入ったままの結晶をいくつか試験管ごとミリカンに託し、キャヴェンディッシュ研究所のバーナルに渡してくれるよう頼んだ。

その頃バーナルは、オックスフォード大学から訪れてきたドロシー・クローフット（一九一〇〜一九九四）らによって踏み出された。

一九四、のちに結婚してドロシー・クローフット・ホジキンとなる）と共同研究をおこなっていた。そんななか、母液から取り出したばかりのまだ乾いていない結晶に偏光した光を当てたところ、複屈折という現象を示し、秩序立った結晶構造が保たれていることが分かった。そこでバーナルとクローフットは、壁の薄いガラス管（毛細管）のなかに結晶とその母液を封入して、それをX線にかけてみた。そうして一九三四年、ペプシンの単結晶によるX線回折写真の撮影に初めて成功した。バーナルによるこの毛細管法は、大きな生体分子のX線データを収集するための標準的な手法としてそれから五〇年にわたって使われつづけることとなる。

当然その写真を解析すれば、原理的にはたんぱく質分子自体の構造を特定できる。バーナルとクローフットは学術誌『ネイチャー』にこの実験結果を報告した論文のなかで、次のように述べている。

> 結晶化させたたんぱく質のX線写真が撮影されたからには、それらの写真を詳しく調べて、結晶化させたあらゆるたんぱく質の構造を解析することで、たんぱく質の構造に関して、従来の物理的または化学的方法で得られているよりもはるかに詳細な結論を導き出す手段が手に入ったことになる。

ドロシー・ホジキンはそれから二〇年をかけてX線回折写真法を生物学的に重要な分子の研究に次々と応用し、一九六四年にノーベル化学賞を受賞した。* さらに何人もの科学者による数多くの研究によって、生体分子は複雑な構造をしていることが明らかとなっていった。たんぱく質は確かにアミノ酸が鎖状に順序よく連なってできているのだが、それは一次構造にすぎない。その鎖がねじれてらせんなどの二次構造を作り、それがさらにねじれて三次元の結び目のような三次構造を作る。生命プロセスにおけるたんぱく質の役割は化学組成だけでなくその三次構造の正確な形によって決まっているが、高速コンピュータが登場するまでそれを導き出すのはすさまじく難しく手間のかかる作業だった。一九七一年の時点で構造が完全に特定されていたたんぱく質はわずか七種類だったが、現在では三万種類以上におよぶ。さかのぼって一九四四年、生まれたばかりの生体分子結晶学が次なる挑戦を受けて立てるところまで進歩しつつあった頃、フレデリック・グリフィスの言う「転換因子」の正体がＤＮＡであると特定されることになる。

「転換因子」の正体

一九二八年にグリフィスの研究結果が発表されたのを受けて、さまざまな研究者が細菌から細菌へ移動する物質の正体の解明に挑んだ。その中心人物が、ニューヨークにあるロックフェラー研究所で研究チームを率いていたオズワルド・エイヴリー（一八七七－一九五五）である。一九一三年から肺炎の研究を続けていたエイヴリーは当初、グリフィスの発見に疑いの目を向けていた。肺炎球菌にはさまざまな型があるという自分たちの発見と真っ向から反するように思えたからだ。しかしエイヴリーらをはじめさまざまな研究チームの追試によって、グリフィスの発見はまもなくして裏付けられ、研究は新たな方向へ進んでいく。

一九三一年にエイヴリーの研究チームは、マウスが関与しなくても細菌の転換が起こることを発見した。死んだＳ型細菌を入れたシャーレ（実験で標準的に用いられる浅いガラス容器）のなかでR型細菌を増殖させたところ、生きたR型細菌が生きたS型細菌に転換したのだ。そこでエイヴリーらは転換因子を特定するためにまず、凍結と加熱を繰り返してS型細菌の細胞を破壊し、細胞の内容物と保護膜の破片を含んだ溶液を得た。そしてそれを遠心分離機にかけて固体部分を試験管の底に沈殿させ、細胞の内容物を含む液体部分を分離した。するとその液体を与えただけで、R型細菌がS型に転換することが分かった。

確実な結論が出るまでにはしばらく時間がかかったが、一九三五年には詳細が明らかとなった。そこでエイヴリーは次なる段階として、最初にカナダ生まれのコリン・マクラウド（一九〇九－七二）、続いてマクリン・マッカーティ（一九一一－二〇〇五）という二人の研究者を仲間に引き入れ、遺伝的な活性を持つこの液体の研究を丹念に進めた。その研究に一〇年近い歳月を費やし、転換を引き起こさ*ない*細胞成分を一つずつ排除していって、最後にたった一つの候補にまで絞り込んだ。

転換因子として最初に考えられた候補はたんぱく質だった。そこでエイヴリーの研究チームは、S型細菌由来の液体にたんぱく質分解酵素を加え、たんぱく質分子をばらばらに切り刻んだ。しかしそれでも転換プロセスが起こった。そこで次に、細菌表面の滑らかな保護層を形作る、多糖類と呼ばれる化合物が関係しているという可能性に着目した。そして多糖類を分解する別の酵素を加えて調べてみたが、それでも転換プロセスに影響はなかった。そこで、骨の折れるいくつもの化学処理によってたんぱく質や多糖類を完全に除去した上で、残った物質の詳細な化学分析を

＊ドロシー・ホジキンの生涯と研究内容については、ジョージーナ・フェリーによる伝記のなかで見事に語られている。

おこなった。すると炭素・水素・窒素・リンの組成から、それが核酸に違いないことが明らかとなった。そして最後の実験によって、それがRNAでなくDNAであることが分かった。

この発見は一九四四年に発表され、転換因子がDNAであることが疑いようなく証明された。エイヴリーは論文上ではDNAが遺伝子を構成する物質であるとまでは述べていないが、弟で細菌学者のロイに宛てた手紙など、個人的な場ではその可能性について言及している。[36] しかしたんぱく質でなくDNAが遺伝情報を伝えているという説はあまりにも衝撃的で、生物学者のあいだですぐさま広く受け入れられることはなかった。DNAの分子は単純すぎてそのような役割にはふさわしくないといまだに広く信じられていて、多くの科学者は、DNAがグリフィスの言う転換因子だったからといって、DNAが遺伝を担う真の成分であるというのはあまりにも大きな論理の飛躍だと考えていた。また第二次世界大戦による混乱もあって、この発見の知らせが広まるのにも時間がかかった。しかし世界中の生物学者が疑いを抱くなか、アメリカの生化学者たちはエイヴリー＝マクラウド＝マッカーティによるこの結果に触発されてさらに研究を進め、分子遺伝学が誕生した。それでもDNAが遺伝物質であることを示す証拠が圧倒的になるまでには何年もかかり、そこでは別の見事な実験が役立つこととなる。そしてそれと同時に、DNAの物語の鍵を握るもう一人の人物が生体分子の新たな研究法を開発する。

その新たな方法のアイデアが生まれたのは、アメリカ人化学者のライナス・ポーリング（一九〇一－一九四四）が一九四八年、ある種のたんぱく質によるX線回折パターンに頭をしぼっているときのことだった。

すでに述べたようにたんぱく質のなかには、血液中で酸素を運ぶヘモグロビン分子など、動き回って何らかの機能を果たす球状のものがある。しかしもう一種類、長い鎖状になったたんぱく質もあり、それをポリペプチドという。そのような繊維状タンパク質の分子は球状に折りたたまれずに、伸びた鎖状の細長い構造を保っている。それらは身体の構造材料として重要で、体毛や羽毛、筋肉や絹糸や角の主要成分となっている。

繊維状タンパク質のX線回折写真は、一九三〇年代にリーズ大学のウィリアム・アストベリー（一八九八－一九六一）によって初めて撮影された。* 対象は羊毛や体毛や爪の成分であるケラチン。その写真は解像度が低くてケラチンの精確な構造の特定には至らなかったものの、規則的な周期パターンを示していて、このたんぱく質が単純な構造を持っていることが明らかとなった。そしてその周期パターンは二種類見つかった。繊維を引き伸ばさない状態だと、アストベリーがα型と名付けた形を取り、引き伸ばすとβ型と呼ばれる形を取るのだ。

ポーリングは量子化学の法則を導き出した人物で、この分野に関する決定版の本も著している。[37] そんなポーリングが化学の知識を生かして生体分子の構造を特定するという問題に取り憑かれ、「アストベリーが報告したX線データと合致するような形でポリペプチド鎖を三次元的にぐるぐる巻きにする方法を探すという取り組みに、一九三七年の夏を費やした」とのちに述べている。[38] まずは構成原子の量子化学的性質によってアミノ酸どうしが結合しているのではないかと考えたが、それではうまく解決できなかったため、基本に立ち返ってまずは鎖を構成するアミノ酸自体の構造を調べ、それからそれらをうまくつなぎ合わせる方法を導き出すことにした。しかし一九

*アストベリーはかつてウィリアム・ブラッグの指導のもとで研究をおこなっていた。

四〇年代にはほかの研究も同時に進めていたし、ほかの研究者と同じく第二次世界大戦の混乱にも苦しめられたため、この研究が実を結ぶまでには長い歳月がかかった。

その第一段階では、単体のアミノ酸のX線回折写真について調べた。ポーリングはその研究をロバート・コーリー（一八九七－一九七一）とともにカリフォルニア工科大学でおこない、その際には量子物理学の知識が欠かせない役割を果たした。多くの化学結合の場合、その結合の両端にある原子または化学基は互いに回転できる。しかしポーリングとコーリーは、炭素と窒素をつなぐペプチド結合（ポリペプチドという名前はここから来ている）が共鳴と呼ばれる量子現象によって固定されていることに気づいた。ペプチド結合を含む鎖はその結合のところで回転できず、その部分は固定されている。*そのため、鎖を曲げたり折りたたんだりできる方法が限られる。ケラチン分子の鎖では、回転できる結合が二本、固定された結合が一本、回転できる結合が二本、固定された結合が一本というパターンが繰り返されている。しかしポーリングは、アストベリーの写真に合致するような形で鎖を折りたたむ方法を導き出すことができず、その問題を棚上げにした。すると一九四八年、ある幸運が訪れる。

ポーリングはいつもはカリフォルニア工科大学を拠点としていたが、その年にはイングランドのオックスフォード大学に滞在していた。そんな一九四八年春、ひどい風邪で寝込んでいたとき、SFやミステリを読むのにも飽きてしまったため、暇つぶしに再びケラチンの構造を考えてみることにした。

しかし手元に道具がほとんどなかったため、細長い紙の帯にポリペプチド鎖の構造図を描いてみた。各構成部品間の距離と角度は頭に入っていた。しかしやってみると、それらのパラメータに合致するような鎖を平らな紙の上に描くのは不可能であることが分かった。鎖の上に繰り返し現れるある特定の結合がどうしても正しく描けないのだ。その結合は炭素＝窒素間の量子共鳴によって固定されていて、角度を一一〇度から変えることができなかった。この結合を固定させようとすると、鎖はどうしてもまっすぐにならない。そこでポーリングはひらめいた。紙の帯の至るところに折り目を入れて、この肝心の結合が一一〇度という正しい角度になるようにしてみたのだ。するとその紙の帯は、繰り返される結合が空間内でらせんを描く、コルク抜きのような形になった。しかも角度を正しく調節すると、ペプチド結合を構成する窒素＝水素基の位置が、鎖に沿って四ステップ離れた炭素に結合した酸素と同じ直線上に並び、しかもそれが鎖全体で成り立った。酸素と水素は量子効果によって親和性があり、いわゆる水素結合によって互いに引き寄せ合う。その水素結合によって、ポーリングが発見したらせん構造が保たれていたのだ。

アメリカに帰国したポーリングは研究チームとともにさらにX線を用いた研究をおこない、この一本鎖らせんが体毛の基本構造であることを裏付けた。さらに一九五一年には七本もの優れた論文を発表し、そのなかで体毛、羽毛、筋肉、絹糸、角の構造を、アストベリーの命名を拝借したαらせんという言葉を使って説明した。しかしその詳細は、この大発見に至った経緯に比べるとさほど重要ではない。ポーリングのこの成功を受けて、ほかにもさまざまな生体分子がらせん構造をしているのではないかと考えられるようになるとともに、生体物質の基本構成部品をX線データに合致するようにつなぎ合わせていくという、いわばボトムアップの方法論が有望とみな

＊ある年代以上の読者なら、まさにそのようなしくみのおもちゃを思い出すかもしれない。ルービックスネークである。

されるようになった。そしてそれからわずか二年後、この方法論によって分子生物学最大の獲物が捕獲されることとなる。DNAの構造である。

オズワルド・エイヴリーらの研究をよそに、一九四〇年代末になってもいまだ、遺伝情報はDNAでなくたんぱく質によって運ばれていると広く考えられていた。しかしそんななか、ある一連の実験によって、疑っていた人たちもDNAこそが生命の分子であると納得させられることとなる。

その舞台を整えたのは、アメリカのコロンビア大学に勤めていたオーストリア生まれの研究者、エルヴィン・シャルガフ（一九〇五－二〇〇二）によるDNAの分析結果である。シャルガフはエイヴリー＝マクラウド＝マッカーティの研究に感心し、一九四〇年代後半に研究室を挙げてDNAの研究に集中した。DNAやRNAの構造を形作る塩基は二つのタイプに大別される。一つめのタイプは、六個の原子からなる六角形の環一個にほかの原子が結合したもので、ピリミジンという。シトシン（C）、ウラシル（U）、チミン（T）がこれに属する。もう一つのタイプであるプリンはもっと複雑な構造で、六角形の環と五角形の環が一本の辺のところでくっついて8の字のような形をしている。アデニン（A）とグアニン（G）がこれに属する。DNAにはC、A、G、Tのみが、RNAにはC、A、G、Uのみが含まれている。シャルガフの研究チームは一連の精密な実験によって、DNAに含まれる各塩基の量の関係にある単純な法則が当てはまることを発見した。一九五〇年の論文にまとめられたその法則は、次のようなものである。DNAの試料に含まれるプリン（G＋A）の総量は、ピリミジン（C＋T）の総量と必ず等しい。そしてAはTと、GはCと量がほぼ等しい。さらにシャルガフの研究チームは、グアニン、シトシン、アデニン、チミンの相対量が生物種ごとに異なることも明らかにした。*したがってＤＮＡは、四種類の塩基が同じ順番で果てしなく連なった単純な足場ではなく、もっと複雑な構造をしているに違いない。こうしてテトラヌクレオチド仮説は崩れ去った。この「シャルガフ比」はＤＮＡの構造を解明する上で一つの鍵となるが、その前に別の研究チームが、遺伝情報はＤＮＡによって運ばれることを疑いようもなく証明することとなる。

ウイルスが教えてくれること

ＤＮＡの構造の解明へとつながる道を進むにつれて、実験では次々に小さくて速く増殖する生物が使われるようになっていった。グレゴール・メンデルはエンドウマメを、トマス・ハント・モーガンはショウジョウバエを、エイヴリーの研究チームは細菌を使った。そして最後のステップでは、遺伝物質を持った最小の存在、ウイルスが使われた。小さい生物であればあるほど構造が単純で、そのぶん遺伝物質の存在感が増す。ウイルスはその究極形だ。

ウイルスは細菌よりもはるかに小さく、たんぱく質でできた袋のなかに遺伝物質が詰まっているようなものだ。初めてその姿がとらえられたのは一九四〇年代、電子顕微鏡によってである。典型的なウイルスはおたまじゃくしのような形をしており、「頭部」と呼ばれる袋に遺伝物質が詰まっていて、「尾」を使って動き回る。ウイルスは細胞を攻撃する際、細胞膜に穴を開けてそ

＊ヒトのＤＮＡの場合、Ａが三〇・九パーセント、Ｔが二九・四パーセント、Ｇが一九・九パーセント、Ｃが一九・八パーセントである。

こから細胞内に遺伝物質を注入する。空っぽになった袋（外殻という）は細胞膜にくっついたまま残る。注入された遺伝物質は細胞の化学工場を乗っ取って、細胞内の物質からウイルスのコピーを大量に作る。すると細胞がはじけてウイルスのコピーが飛び出し、同じプロセスが繰り返される。

　ウイルスは究極に単純な生命で、もっとウイルスを作るためだけに存在している。アメリカのコールド・スプリング・ハーバー研究所に勤めていたアルフレッド・ハーシー（一九〇八－一九七）とマーサ・チェイス（一九二七－二〇〇三）は一九五〇年代初め、ウイルスを使ったある巧妙な実験を考案し、攻撃した細胞のなかでウイルスのコピーを作らせるための指示書がDNAによって運ばれていることを決定的に証明した*。

　ハーシーとチェイスが用いたウイルスは、細菌を「食べる」バクテリオファージ（略してファージ）と呼ばれるものだった。この実験の基本的アイデアのもととなったのが、リンはDNAには含まれているがたんぱく質には含まれておらず、硫黄はたんぱく質には含まれているがDNAには含まれていないという事実である。そしてリンも硫黄も、その放射性同位体を容易に調達できる（実験科学者であればの話だが）。そこでハーシーとチェイスは、リンの放射性同位体（リン32）または硫黄の放射性同位体（硫黄35）を含む培地のなかで増殖させた細菌を、ファージに「食べさせた」。そうして生まれた放射能を帯びたファージを、放射性同位体を含まない細菌のコロニーに加えてみた。放射性同位体を含んだ第二世代のファージを、放射性同位体を含まない細菌に感染させ、その細菌を分析するのだ。そうすることで、リンが検出された場所にはファージのDNAが、硫黄が検出された場所にはファージのたんぱく質が行き渡ったことが分かるという算段である。

しかし放射能を帯びたファージを細菌の培地に感染させて放置したところ、細胞が新たなウイルスで限界までいっぱいになるとともに、外殻（遺伝物質の入っていた袋）が細菌の細胞膜にくっついたまま残ってしまった。そのため培養液のなかには両方の放射性同位体が含まれていた。そこでハーシーとチェイスは、もとの世代のファージが持っていた外殻の残滓（ざんし）と、細菌のなかで作られた新たなウイルスとを分離するために、ワーリングブレンダーという一般的なキッチン用品〔いわゆるミキサー〕を用いた。その後の世代の生物学者はこの実験を「ワーリングブレンダー実験」と呼ぶこととなる。

ハーシーとチェイスはブレンダーのスイッチを弱にして穏やかに攪拌（かくはん）し、感染した細胞からファージの外殻を引き剝がした。そしてその混合物を遠心分離機にかけて、新しいウイルスの詰まった細菌の細胞を沈殿させ、古いファージの外殻が液相に残るようにした。その上でこの各相を分析した。すると、ＤＮＡの存在を示すリンの放射性同位体は細胞（新しい世代のウイルス）に、たんぱく質の存在を示す硫黄の放射性同位体は外殻の残滓に検出された。一九五二年にこの結果が発表されると、もはや疑いの余地はなくなった。遺伝情報を運んでいるのはＤＮＡで、たんぱく質は生物の身体を形作る物質だったのだ。

一見したところ単純なこの実験が成功したのはマーサ・チェイスの優れた手腕によるところが

＊ハーシーはこの研究により一九六九年にノーベル賞を受賞した。ノーベル委員会が露骨に男女差別をしていたことを示す数多くの事例の一つとして、このときチェイスは受賞者に含まれなかった。

大きいが、彼女は正式にはアルフレッド・ハーシーの助手にすぎなかった。同じくコールド・スプリング・ハーバー研究所の生物学者ヴァツワフ・シバルスキは、のちに次のように振り返っている。

実験にかけては彼女の貢献がきわめて大きかった。アルフレッド・ハーシーの研究室はとても変わっていた。当時はこの二人しかおらず、実験室に入るとしんと静まりかえっていた。アルフレッドは指差しでマーサに実験の指示をしていて、言葉はつねに最低限しか発していなかった。彼女はハーシーと研究を進めるのにぴったりの人物だった。[39]

こうして、たんぱく質はバクテリオファージの構造を形作っていて、遺伝情報を運んでいるのはＤＮＡであることが明らかとなった。これ以降、ＤＮＡ以外の物質が遺伝物質であると考える生物学者はほぼ姿を消し、ＤＮＡ自体の構造を解明するための舞台が整った。

二重らせんをめぐる攻防と謀略

アメリカでハーシーとチェイスが実験を進めるさなか、イングランドの研究者たちはＤＮＡの構造に徐々に迫りつつあった。その基本構造を初めて明らかにした実験は、医学研究審議会がキングズカレッジ・ロンドンに設置した生物物理学研究ユニットの研究チームによっておこなわれたが、運命のいたずらで当時彼らがしかるべき評価を得ることはなかった。そのユニットのリーダーだったジョン・ランドル（一九〇五－八四）は、遺伝情報がＤＮＡによって運ばれていることを示す証拠をいち早く受け入れた一人だった。ローレンス・ブラッグのもとで研鑽を積んでX線回折に関する知識もあった物理学者だが、彼の研究ユニットは当時としては珍しい先進的なグループで、生物学者や生化学者など他の分野出身の科学者が物理学者と一緒に研究を進めていた。

一九五〇年、このユニットに属するニュージーランド生まれのモーリス・ウィルキンス（一九一六－二〇〇四）が、DNAやたんぱく質、タバコモザイクウイルスやビタミンB12などさまざまな種類の生体分子の研究をおこなっていた。その年の五月、スイスの生化学者ルドルフ・ジグナー（一九〇三－九〇）がロンドンにあるファラデー学会の会合で、学生のハンス・シュヴァンダーとともに子牛の胸腺から核酸を抽出することに成功したと報告した。そしてウィルキンスに高純度のDNAサンプルを提供した。それはけっして青天の霹靂（へきれき）ではなく、ジグナーは長年にわたってDNAを研究しており、一九三八年には『ネイチャー』誌に発表した論文のなかで、当時は胸腺核酸と呼ばれていたその物質が長い糸状の分子であって分子量が五〇万から一〇〇万に達することを報告していた。しかし多くの「純粋」な科学研究と同じく、第二次世界大戦によってその研究もなかなか先へ進まず、情報も広まっていなかった。そんなジグナーからゲル状のDNAを受け取ったウィルキンスは、その一部を紫外線で分析しようとしてあることに気づいた。ノーベル賞受賞講演では次のように述べている。

そのゲルにガラス棒を触れさせて引き上げるたびに、ほとんど見えないくらいに細いDNAの繊維がクモの糸のように伸びた。その繊維が完全に均一だったため、そのなかに含まれる分子は規則的に並んでいるのだろうと思った。そしてすぐさま、この繊維はX線回折で分析するのにまさにうってつけかもしれないと考えた。そこでそれをレイモンド・ゴズリングのもとに持っていった。彼は我々のユニットのなかで唯一X線装置を持っていて（余剰軍需品であるX線写真撮影装置の部品から作った）、それを使ってヒツジの精子の頭部の回折写真を撮影していた。

当時博士課程の学生としてランドルの指導のもと研究をおこなっていたゴズリング（一九二六－二〇一五）は、バーナルによるたんぱく質の研究を念頭に、そのDNAを乾燥させないようにした上で、水素を満たした毛細管のなかに封入した。空気を構成する分子に含まれる炭素や窒素などの原子がX線回折パターンに影響を与えないようにするためである。そうしてゴズリングは一九五〇年にDNAのX線回折写真の撮影に成功したものの、寄せ集めの装置では限界があった。* ところが一九五一年に入ると、さまざまな状況が変化しはじめる。ランドルが新たな装置を購入した上に、DNAの構造を解き明かすという問題に挑むため、もう一人の研究者ロザリンド・フランクリン（一九二〇－五八）を招き入れたのだ。

X線結晶学の専門家であるフランクリンは、それまでパリで石炭や石炭由来の物質の構造を研究していて、生体分子を扱ったことはなかった。このユニットにはたんぱく質や脂質の研究のために三年間の契約で招かれたが、一九五一年一月にキングズカレッジ・ロンドンにやって来たときにはすでにランドルが、ゴズリングを助手に付けてフランクリンにジグナー提供のDNAを分析させることを決めていた。ウィルキンスは当然ながらこの決定に腹を立ててランドルに抗議し、シャルガフ提供のDNAサンプルで独自に研究を進めることを認めさせた。そして同年五月、以前ゴズリングとともに撮影したＸ線写真をナポリで開催された学会で発表した。その学会に参加していた一人の若者が興味を掻き立てられる。アメリカ人のジェイムズ・ワトソン（一九二八–）である。ワトソンは博士号を取得したばかりで、コペンハーゲンで一年間研究をしていたが、まもなくケンブリッジ大学に移る予定だった。

フランクリンとゴズリングは見事なコンビだった。ゴズリングは初めてＤＮＡの結晶化に成功した人物、フランクリンは新たなＸ線装置を調整して最大限の性能を引き出す腕の持ち主。そんな二人が結晶化させたＤＮＡのＸ線回折写真を撮影して、ＤＮＡには二種類の型があることを発見した。湿っているときには細長い繊維状だが、乾燥すると縮んで太くなる。これらはそれぞれ「Ｂ型」、「Ａ型」と呼ばれるようになった。細胞のなかは湿った環境なので、生体内ではＤＮＡはＢ型を取っているだろうと予想された。

ランドルは研究室内での対立を受けて、フランクリンにはＡ型だけを、ウィルキンスにはＢ型だけを研究対象とするよう指示した。そしてそのデータから最終的に、どちらの型もらせん構造をしている証拠が得られた。フランクリンは一九五一年一一月、キングズカレッジ・ロンドンでのそれまでの研究結果をまとめた講演をおこなった。その講演ノートには次のような記述がある。

＊それ以前の一九三八年にはすでにアストベリーがＤＮＡのＸ線回折写真を撮影して、ＤＮＡが規則的な構造をしていることを明らかにしていた。その写真は解像度が低くて構造の特定には至らなかったが、フローレンス・ベル（一九一三–二〇〇〇）と共著で発表した論文のなかで、ＤＮＡは「一ペンス硬貨を積み上げたような形」をしていると表現した。しかし第二次世界大戦でベルが婦人補助空軍の通信士として従軍したことで、二人の研究は中断し、二度と再開されることはなかった。

これらの結果から、共通の軸を持った核酸ユニットをらせん一巻き当たり二、三、または四個含んだらせん構造をしているものと推測される（それはきわめて密に詰め込まれているはずだ）……。[40]

ワトソンはこの講演も聴き、またウィルキンスとDNAについて議論した（この頃には、A型よりもB型のほうが、らせん構造をしていることが確実に示されていた）。しかし、フランクリンのこの発表のことは記憶にないとつねに言い張っている。さらに、同じくキングズカレッジ・ロンドンのアレックス・ストークス（一九一九－二〇〇三）は、糖とリン酸でできた柱から塩基が突き出した二重らせん構造まで提唱し、それをフローレンス・ベルと同じく「一ペンス硬貨を積み上げたような形」に、またはリフルシャッフル〔束を二つに分けて左右交互に一枚ずつはじく方法〕したトランプの束にたとえた。しかし詳細が明らかになったとはとうてい言えず、正確な構造を特定するにはさらに大量のデータと大量の解析が必要で、それに一九五二年の大半を要することとなる。

どちらの型のDNAもらせん構造を基本としていることが明らかになった一九五三年初め、フランクリンは、A型が二重らせん構造をしていると提唱する二本の論文を書いた。それらの論文は学術誌『アクタ・クリスタログラフィカ（結晶学記録）』に投稿され、同年三月六日に編集部に到着した。それはフランクリンにとってキングズカレッジ・ロンドンで発表する最後の研究報告となり、まもなくして彼女は同じロンドンにあるバークベック・カレッジに移った。また、一九五三年三月一七日付で論文の草稿をもう一本書いていて、そのなかでＢ型ＤＮＡも二重らせん構造であることの証拠を示している。しかしその論文がそのままの形で出版されることはなく、彼女の死後ようやく世に出ることとなる。ケンブリッジ大学で起こった一連の出来事に翻弄されたからだ。ちょうど同じ頃、別のある研究チームが科学界の不文律を破って、フランクリンに無断でウィルキンスを通して彼女のデータを入手し、Ｂ型ＤＮＡの構造を特定していたのだ。そのデータのなかには、フランクリン（とゴズリング）が撮影したもっとも写りの良い回折写真も含まれていた。一九五二年五月にゴズリングが撮影してＮｏ.51と呼ばれているその写真には、ＤＮＡのX線回折パターンが当時可能な最高の画質で写っていた。そのもっとも明瞭な特徴が、らせん構造によってしか現れないX字形のパターンである。ＤＮＡの構造の謎を解き明かした写真を一枚選べと言われたら、これがまさにそうである。

一九五三年一月にその写真を受け取り、急いでケンブリッジ大学に取って返した人物、それが誰あろうジェイムズ・ワトソンである。ワトソンは著書『二重らせん』のなかで次のように述べている。「その写真を見た瞬間、あんぐりと口が開いて鼓動が速くなった。それまでに撮影されていた写真よりも信じられないほど単純なパターンだった。……写真全体を占める黒いX字形の回折像はらせん構造でしか現れない」。ワトソンがこれだけ興奮したのは、ケンブリッジ大学でフランシス・クリック（一九一六－二〇〇四）と組んでＤＮＡの構造の特定に取り組んでいたからである。クリックはもともと物理学者だったが、軍事研究と核兵器開発のせいで物理学に嫌気が差して生物学に転向し、一九四九年に三三歳でキャヴェンディッシュ研究所の医学研究審議会の研究ユニットに加わって博士研究をおこなった。一九五三年にポリペプチドとたんぱく質の研究で博士号を取得したが、それはワトソンとともに非公式でＤＮＡの構造を研究して名声を勝ち得た直後のことだった。

ワトソンと同じ部屋をあてがわれたクリックは、ワトソンの熱意に突き動かされて一緒にＤＮＡの構造の謎にひそかに取り組みはじめた。キングズカレッジ・ロンドンの研究者たちと比べると二人とも素人で、ＤＮＡ研究の歴史もほとんど知らない門外漢だったが、ポーリングのボトムアップの方法論からは強い影響を受けていた。そんな二人は公式の研究（ワトソンはタバコモザイクウイルスの研究をすることになっていた）の合間にＤＮＡ分子のモデルを組み立てようとしたが、知識不足に足を取られていた。突破口が開いたのは一九五二年六月、クリックがこの問題について、フレデリック・グリフィスの甥で生化学者のジョン・グリフィス（一九二八－七二）と議論したときのことだった。クリックは、ＤＮＡのそれぞれの鎖から突き出した平面状の塩基が、リフルシャッフルしたトランプの束のように交互に積み重なっているというアイデアを持っていた。そこでグリフィスに、どの種類の塩基がそのように積み重なりそうかを導き出せないかと尋ねた。数日後の午後、キャヴェンディッシュ研究所で紅茶を受け取る列に並びながらグリフィスが、化学的性質を調べたところ、アデニンとチミンが、グアニンとシトシンが自然に結合しそうだと分かったと話してきた。するとすぐさまクリックは、それならばいわゆる相補的複製が実現できるはずだと気づいた。二本の鎖を引き剝がすと、ＣＴペアとＡＧペアがそれぞれ分かれ、一方の鎖の上でＣのあるすべての箇所に単体のＴが、Ｇのあるすべての箇所に単体のＡが結合する。グリフィスも同じことを思いついていたが、化学の専門家だけにほかにも気づいたことがあり、それをクリックはすぐには理解できなかった。グリフィスが発見した化学的性質のせいで、塩基が交互に積み重なることはない。CTペアもAGペアも複数の水素結合を使って端と端で結合することができ、しかもどちらのペアも幅が同じなので、DNAの二本の鎖を組み合わせたときにちょうどらせん型の梯子の段のように同じ幅を占めるのだ。

当時クリックとワトソンはあまりにも知識不足で、シャルガフ比のことすらまだ知らなかった。*一九五二年七月にケンブリッジ大学を訪れたそのシャルガフはクリックから、DNAの化学分析によって何か有用な知見が得られていないかと尋ねられた。そのときの様子を、一九六八年にクリックがロバート・オルビーに答えたインタビューから紹介しよう。

シャルガフは少々守りに入りながらも、「もちろん1：1の比が成り立っている」［と言った］。そこで私は「何のことだい？」と尋ねた。するとシャルガフは「すべて発表済みだ！」と答えた。もちろんその論文を読んでいなかったので、知っていたはずがない。するとシャルガフが、その効果は電気的なものだと説明してくれた。だから覚えていたんだ。そこで突然ひらめいた。「何てことだ。相補対ができれば1：1の比になるはずじゃないか」。しかし、以前グリフィスから聞いた話を忘れてしまっていた。塩基の名前も思い出せない。そこでグリフィスのところに行って、どの塩基のことか聞いて書き取った。ところがシャルガフの話も忘れてしまったので、取って返して文献を当たった。すると驚いたことに、グリ

*少なくともクリックは、シャルガフ比の話を聞いたことがあったかどうか覚えていなかった。ワトソンはのちに、自分がクリックにそのことを話したと言っている。もしそうだとしても、当時は二人ともその重要性に気づいていなかった。

フィスの言ったペアはシャルガフの言ったペアと同じだったのだ。

この情報と、キングズカレッジ・ロンドンから入手したNo.51写真などのデータをもとに、クリックとワトソンは一九五三年初め、あの有名なDNAモデルにたどり着いた。二本の鎖を構成する各分子が絡み合って、塩基が内側を向いた二重らせんを作り、一方の鎖の塩基がもう一方の鎖の塩基と結合すれば、すべて辻褄が合うというモデルである。アデニンは必ずチミンと、シトシンは必ずグアニンと結合する。二本の鎖は互いに鏡像のようになっているので、互いにほどけて一本鎖になると、適切な構成部品が結合してきて相手の鎖が作られ、新たな二重らせんができあがる。

この構造は情報も運んでいる。A、T、C、Gは鎖に沿ってたとえばAATCAGTCAGGCATT……などどんな順番でも並ぶことができ、四種類のアルファベットだけからなるメッセージのようになる。二進数のコンピュータコードは「アルファベット」が二種類だけで単純だが、それでも大量の情報（たとえば本書の全文）を表現できる。ましてやアルファベットが四種類あって十分に長いメッセージであれば、遺伝情報もすべて収められる。クリックとワトソンはこのモデルを一九五三年三月七日に完成させ、『ネイチャー』誌に論文を送った。それは、フランクリンの二本の論文が『アクタ・クリスタログラフィア』誌に到着した翌日のことだった。ワトソンとクリックの論文の原稿を受け取ったウィルキンスは、フランクリンがすでにバークベック・カレッジに移ってしまったのをいいことに、自分たちの研究チームも「一般的ならせん構造のケースを示した」ワトソンとクリックの論文と並べて短い論文を発表するべきだと提案した。[41]そしてその上で不用意に、フランクリンとゴズリングも何かを考えついて発表しようとしているので、『ネイチャー』誌には少なくとも三本の短い論文」が掲載されるべきだと口走った。

その「三本の短い論文」は『ネイチャー』誌四月二五日号に掲載された。一本目はクリックとワトソンの論文で、このモデルはシャルガフ比をきっかけに思いついたと述べた上で、それを支持する証拠としてX線データを挙げている。実際にはX線データをきっかけにモデルを思いつき、それをシャルガフ比によって裏付けたのだが、そうは認めていない。* 続く二本目はウィルキンスとストークス、および共同研究者のハーバート・ウィルソン（一九二九−二〇〇八）の論文で、らせん構造の大まかなアイデアがX線実験によって裏付けられるという全般的な主張を示している。最後がフランクリンとゴズリングの論文で、そこにはワトソン＝クリック・モデルの発見にきわめて重要な役割を果たしたあのNo.51写真が収められている。しかしフランクリンはもちろん誰一人として、これらの論文の発表のされ方を見る限り、No.51写真がワトソン＝クリック・モデルの構築に重要な役割を果たしたなどとは思いもしなかった。それどころか三本目の論文は、三月一七日、ウィルキンスがケンブリッジ大学に「三本の短い論文」を提案した前日に書かれた原稿からわずかに手が加えられてしまっている。具体的な二重らせん構造の詳細こそ記されているものの、塩基対形成のメカニズムを思いつくきっかけとなったアイデアは示されていないのだ。

一九六二年にクリックとワトソンとウィルキンスは、この研究によってノーベル生理学・医学

＊ただし体裁上、脚注のなかで、「フランクリンとウィルキンスの研究による一般的な知見に触発された」とは述べている。

賞を受賞した。フランクリンはノーベル委員会による女性差別のさらなる犠牲者だったと言われることがあるが、彼女はそれ以前の一九五八年に、おそらくX線の被曝によるがんで世を去っている。死後にノーベル賞が与えられることはけっしてないため、たとえノーベル委員会がフランクリンの功績を認めたいと思っても、彼女が受賞することはなかったはずだ。この点で同情に値する人物がいるとしたら、それはもちろん、DNAを結晶化して何よりも重要な回折写真を撮影したゴズリングである。もっとも重要な働きをした人物にはノーベル賞は与えられないものなのだ。

しかしDNAが遺伝暗号の運び手であることが明らかになったからといって、それで進化論の発展が終わったわけではない。その遺伝暗号を解読して、遺伝情報が染色体内のDNAからどのようにして細胞機構に伝えられるのかを解明するという課題が残っていた。それが進化に関する新たな発見につながり、なかには驚くべきものもあった。そしてそれはいまだに続いている。ラマルクは完全に正しくはなかったものの、完全に間違ってもいなかったのかもしれないのだ。

第９章　ネオ・ラマルキズム

実際に生命活動を担ったり身体を形作ったりしているのはたんぱく質で、それを生成するために細胞が使う指示書、いわゆる生命の暗号を運んでいるのがＤＮＡであることが明らかになると、その「暗号を解読して」生命活動のしくみを解き明かそうという懸命な取り組みが始まった。それには何年もの歳月を要し、数多くの研究チームが巧妙な生化学実験をおこなったが、ここではそれを詳しく説明する余裕はない。しかし少なくとも、その取り組みのおおもとをなす原理とそこから導き出された結論については説明できる。

ＤＮＡの暗号解読の発端となったのは、実は生物学者でなく物理学者が著した一冊の本である。その人、量子物理学の開拓者エルヴィン・シュレーディンガー（一八八七－一九六一）は、生命の暗号を運ぶ分子に変化（変異）が起こる上で、量子過程が重要な働きをするというアイデアに取り憑かれた。一九四〇年代当時はいまだたんぱく質が遺伝暗号を運んでいると広く考えられていたが、一九四四年に発表されたシュレーディンガーの説は特定の分子を前提としてはいない。シュレーディンガーは、食塩のような物質の結晶と、非周期的結晶と自ら命名した物質とをはっきり区別した。食塩の結晶では、ナトリウム原子と塩素原子からなる同じパターンが果てしなく繰り返されている。一方の非周期的結晶は、「たとえばラファエロのタペストリーのように、限られた色の糸で織られていないながらも、単なる反復でなく複雑で一貫していて意味のある模様をした」構造をしている。シュレーディンガーは生命の分子によって運ばれる情報を「コードスクリプト」（暗号文）と呼び、たとえコードスクリプトに使われる文字（たとえば化学基）の種類が限られていたとしても、その文字によってアルファベットのすべての文字と同じだけ効率的に情報を表現できると論じた。そして「そのような構造に含まれる原子の種類がさほど多くなくても、ほぼ無限通りに並べることができる」と述べた上で、モールス符号では二種類の記号（・と—）を最大四つ一組にすることで三〇種類のグループを作ることができ、英語のアルファベットといくつかの句読記号を十分に表現できると指摘した。少々話を先取りして、四つの互いに異なる記号は二四通り（4×3×2×1）に並べることができ、二〇個の互いに異なるグループを並べる方法はおよそ24×10^{17}（24の後に0が一七個続く）通りもある。四種類の文字からなる暗号であれば、たんぱく質に使われる二〇種類のアミノ酸をすべて指定できるし、二〇種類のアミノ酸があれば、生物の持つ多種多様なたんぱく質を十分に作ることができる。

シュレーディンガーの著書『生命とは何か』は、生物学者に影響を与えただけでなく、第二次世界大戦で嫌というほど死を目の当たりにして生命の研究に携わろうとしていた物理学者をも大いに掻き立てた。のちにこの本から影響を受けたと具体的に言及した人物としては、モーリス・ウィルキンス、エルヴィン・シャルガフ、フランシス・クリック、ジェイムズ・ワトソンなどが挙げられる。そしてワトソンとクリックがＤＮＡに関する初の論文を発表してからまもなくして、同じく物理学者のジョージ・ガモフ（一九〇四－六八）が舞台に登場する。
　実はガモフの関心を惹いたのは、ワトソンとクリックが書いたDNAに関する二本目の論文で、それは一九五三年五月三〇日に『ネイチャー』誌に掲載された。[42] そのときガモフは、ワシントンの拠点から離れてカリフォルニア大学バークレー校を訪れていた。のちに次のように振り返っている。

　放射線実験室の通路を歩いていると、片手に『ネイチャー』誌を持ったルイス・アルヴァレズと出くわした。……するとアルヴァレズが、「見てみろ、ワトソンとクリックの書いたこの論文は何てすごいんだ」と言ってきた。私は初めてその論文を見た。そしてワシントンに戻るとそれについて思索を始めた。*

　その思索の成果は一九五四年二月に『ネイチャー』誌で発表された。ガモフは、DNAの四種類の塩基が鎖に沿って非周期的に並んでいるという発見を踏まえて考察を進めた。そして、DNAの塩基からなる各コード群の隣にそれぞれ特定のアミノ酸が整列し、DNAの鎖に沿って並んだそのアミノ酸の鎖からたんぱく質分子が形成されるのだと唱えた。ガモフが提唱したこのメカニズムは、細部については間違っていた。それでもガモフは次のように説明している。

＊アメリカ議会図書館のジョージ・ガモフコレクションに所蔵されているインタビュー記事。

……どんな生物の遺伝的特徴も、四種類の数字からなる体系で書かれた長い数によって特定できる。それに対して酵素は、その組成がデオキシリボ核酸分子によって完全に特定されているはずで、約二〇種類のアミノ酸から作られる長いペプチド鎖でできており、二〇文字のアルファベットからなる長い「単語」とみなすことができる。

このひらめきを受けた数々の苦心の研究によって、最終的に二つの重要な事実が浮かび上がってきた。第一に、アミノ酸の鎖はDNAのそばで直接作られるのではない。細胞にとってある特定のたんぱく質が必要になると（必要になったことを細胞がどのようにして「知る」のかは、いまだほとんど謎に包まれている）、一本の染色体に含まれる二重らせんDNAのなかでそのたんぱく質に関係した部分だけがほどけ、それを鋳型(いがた)にしてRNAの鎖が作られ、そののちにDNAは再び巻かれて染色体のなかに収まる。するとそのRNAの鎖を鋳型にしてたんぱく質が作られ、RNAのほうはばらばらになってその部品が再利用される。第二の事実として、遺伝暗号には四種類の文字が使われているが、実際にはそれらが三文字の単語を作っていて、そのそれぞれの単語が特定のたんぱく質、あるいは新たな鎖の生成の「スタート」や「ストップ」という指示を表している。たんぱく質の生成に直接関わるのはDNAでなくRNAなので、そこで用いられる四種類の文字はU、C、A、Gである。たとえばAGUという三つ組コードはセリンというアミノ酸を、GUUはバリンを、CCAはプロリンを、UAGは「ストップ」を表している。したがって、たとえばRNA分子上のUCCAGUAGCGGACAGという塩基の並びは、UCC　AGU　AGC　GGA　CAGと区切って読まなければならない。

　これが進化にどのような影響を与えるかを理解するには、我々に馴染み深いアルファベットで似たような例を作ってみればいい。たとえば三文字の単語からなる、THE BAT HAS ONE HAT THE CAT HAS TWO（そのコウモリは帽子を一つ、そのネコは二つ持っている）というメッセージがあったとしよう。このメッセージに単純な変異が起こって一文字だけ変化すると、THT BAT HAS ONE HAT THE CAT HAS TWO というように無意味な単語ができてしまうかもしれず、その単語は細胞の働きにとって重要な場合もあればそうでない場合もある。あるいは、THE CAT HAS ONE HAT THE CAT HAS TWO（このネコは帽子を一つ、このネコは二つ持っている）というように、意味の違う単語ができるかもしれない。そうしてアミノ酸が変化すると、役に立たないたんぱく質が生成してしまうかもしれない。あるいはまったく偶然に、もとのたんぱく質よりも効率的な働きをするたんぱく質が生成するかもしれない。もっと極端な「変異」が起こって、一つの「単語」がたとえば HAT から ONE へと丸ごと変化するかもしれないし、あるいは単語が丸ごと抜け落ちて THE BAT ONE HAT THE CAT HAS TWO となってしまうかもしれない。さらに、一文字だけ抜け落ちたり付け加えられたりすると、メッセージ全体が変化する。たとえば最初の〝E〟が抜け落ちると、THB ATH ASO NEH ATT HEC ATH AST WO となってしまう。

　ほかにいくらでも例が考えられるので、ぜひ試してみてほしい。進化にとって重要なのは、染色体が切り刻まれて組み換えられる際に複製エラーとしてこのような誤りが生じ、その染色体のペアの一方が生殖細胞に入って次の世代に遺伝暗号が伝えられることである。さらに劇的な変化として、たとえば交叉ののちにＤＮＡの断片が前後逆さまにつなぎ合わされたり、完全に抜け落ちたりする可能性もある。しかしここではその詳細に立ち入る必要はない。ここで重要なのは、進化のおもととなる、遺伝物質が必ずしも完璧には複製されない理由が明らかとなったことである。このことを念頭に置きながら改めて生物の進化的振る舞いに注目し、二〇世紀後半に導き出された新たな考え方の数々を見ていくことにしよう。

飛び移る遺伝子

それらの考え方の基礎は一九三〇年代には敷かれていたが、当時はその価値が広く理解されていなかった。その頃、研究者の関心はどんどん小さな生命単位に向けられていたが、ある一人の人物はグレゴール・メンデルの伝統を受け継いで、もっとずっと大きな生命単位である個体に注目しつづけていた。その人物とはバーバラ・マクリントック（一九〇二－九二）である。マクリントックの研究対象はエンドウマメでなくトウモロコシだったが、トウモロコシもエンドウマメと同じく一年に一世代しか生まない。マクリントックが研究で明らかにした事実は四〇年ものあいだ完全には理解されず、その点でも彼女はメンデルに似ていたが、ただしメンデルと違って自分の成果に注目が集まるのを生きているうちに見届ける。

マクリントックはメンデルの法則が再発見されたわずか二年後に生まれ、ニューヨーク州イサカのコーネル大学のキャンパス内にあるニューヨーク州立農学・生命科学カレッジで学んで、一九二三年に卒業した。一九八三年のノーベル賞受賞講演では次のように述べている。「私がこの分野に積極的に携わるようになったのは、メンデルの遺伝の原理が再発見された一九〇〇年からわずか二一年後のことで、このときにはまだ生物学者のあいだでその原理は広く受け入れられていなかった」。マクリントックはコーネル大学の大学院に進んでトウモロコシの染色体を解析する手法を開発し、一九二七年に博士号を取得してからもその方向の研究を進めた。マクリントック率いる研究チームの関心は染色体や遺伝子（染色体の一部分）、およびそれらが個体におよぼす影響にあったため、染色体が何でできているかはどうでもよかった。マクリントックが選んだ生物であるトウモロコシは、スーパーの棚に並んだ一面黄色ののっぺりとしたスイートコーンからではうかがい知れない、もっとずっと興味深い性質を持っている。野生のトウモロコシはさまざまな色の種子を付け、目に見える形で種子がずらりと並ぶ。そのため、ちっぽけなハエを捕まえて眼を調べたり、顕微鏡で細菌を観察したりしなくても、皮を剝いて見事に熟した色とりどりの種子のパターンを見るだけで変化（変異）を特定できる。しかし遺伝子自体を調べるにはどうしても顕微鏡が必要だった。そこでマクリントックはトウモロコシの染色体を染色して可視化する手法を改良し、その手法を使ってトウモロコシの一〇本の染色体の形を明らかにした。この初期の頃の研究でもっとも注目すべき発見が、一九二九年に研究生のハリエット・クレイトン（一九〇九－二〇〇四）の手を借りてなされたものである。二人が調べたあるトウモロコシの系統では種子が黒っぽい色と白っぽい色のどちらかになり、その色は、ある染色体における互いにわずかに異なる二種類のアレルに対応していた（互いに異なるアレルがペアになったものをヘテロ接合体という）。すでにこのような振る舞いは、とくにトマス・ハント・モーガンによるショウジョウバエの研究などから推測されていた。しかしそれまでの研究では、互いに異なるアレルの存在は推測されているにすぎなかった。マクリントックとクレイトンはそこから先へ踏み出し、染色体を染色して顕微鏡で観察することで、二種類のトウモロコシの違いがアレルの違いとして目に見える形で表れていることを発見した。黒っぽい種子を付けるトウモロコシでそれに関係する染色体には「こぶ」が付いていたが、白っぽい種子を付けるトウモロコシではそのこぶがなかったのだ。こうして、染色体の違いが個体（表現型）に影響を与えることを示す証拠が、直接観察できるような形で初めて得られた。コーネル大学を訪れたモーガンは、クレイトンの博士論文の土台となったこの研究のことを知ってもっと広く公表すべきだと説得し、その研究結果は一九三一年に『アメリカ科学アカデミー会報』に掲載された。それからわずか二年後にモーガンは、「遺伝における染色体の役割に関する発見」によってノーベル賞を受賞する。*

この頃にマクリントックはほかにもいくつか成果を上げた。たとえば、特定の染色体のグループが一緒に作用して、一緒に遺伝する形質を生み出すことを明らかにしたり、顕微鏡で直接観察される組み換えの様子が新たな形質とどのように関係しているかを調べたりした。また、一九三一年と三二年の夏にミズーリ大学で遺伝学者のルイス・シュタッドラー（一八九六－一九五四）と共同研究をおこなったのちに、X線を使ってトウモロコシの変異率を引き上げてその結果を調べた。そして一時期ドイツで研究をするなど、短期のポストを歴任したのちの一九四一年末、コールド・スプリング・ハーバー研究所のカーネギー財団遺伝学部門から終身職に招かれた。それ以前の業績も目を見張るものだったが、この研究所でマクリントックは自身にとってもっとも重要な研究をおこなう。

その重要な発見のもととなったのは、ある系統のトウモロコシでは葉が必ずしも均一な色にならずに、さまざまな色のまだら模様になることがあるという単純な観察結果だった。ほとんどのトウモロコシの葉は緑色だが、いくつかの系統では薄黄色に、別のいくつかの系統では薄緑色やさらには白色になることがある。しかしなかには、薄緑色の葉に濃緑色の筋が入ったり、緑色の葉に黄色の斑点が入ったりする個体もある。マクリントックはこの現象に興味を惹かれた。というのも、葉は茎のなかにあるたった一個の細胞から成長することが知られていたからだ。その一個の細胞が繰り返し分裂して増えることで葉ができる。したがって変わった色の斑点は、一個の細胞の染色体に複製エラー（変異）が起こって、そこからわずかに異なる遺伝コードを持った娘細胞が生じたことに由来する。その娘細胞の遺伝コードがその後の世代にわたって忠実にコピーされていけば、「間違った」色の筋ができる。マクリントックは、その変異を起こしたのがどの細胞で、発生と分化のプロセスのなかのどのタイミングでその変異が起こったのかを正確に特定した。

しかしそれで話が終わったわけではない。複数の色を持つ葉のなかには、ほかの葉と異なる変異のパターンを示すものがあった。葉によって変異速度に違いがあったのだ。それもまた、葉の分化過程の初期段階でたった一個の細胞に含まれる染色体の遺伝コードが変異したことに由来していた。同様の現象はトウモロコシの種子にも見られ、種子によって色の違いの頻度や位置が異なっていた。

マクリントックはメンデルと同様の、ただし顕微鏡による染色体の直接観察に基づく研究を何年も重ねた末の一九四七年、この現象に対する一つの解釈にたどり着いた。生物の構造や機能を

＊現代の目から見ると、少なくともマクリントックがこのときに共同受賞しなかったのは何とも驚きだ。マクリントックが遺伝子転位の発見によってノーベル賞を受賞したのは一九八三年のことである。

担う遺伝子はつねに「オン」になっているのではなく（たとえば葉が際限なく成長することはない）、必要なときだけRNAにコピーされてたんぱく質が生成する。したがってそれらの遺伝子は、そのオンオフを担う別の遺伝子によって制御されているはずだ。一九四〇年代、RNAやDNAの役割こそいまだ分かっていなかったものの、このような制御遺伝子の存在は徐々に明らかになっていった。そんななかでマクリントックは、制御遺伝子には二種類あるはずだと気づいた。一つは制御を受ける構造遺伝子と同じ染色体上、しかもそのそばに位置していて、その遺伝子のオンオフ（緑色か黄色か）を切り替える。しかしマクリントックの研究によって、それとは別の種類の制御遺伝子（マクリントックは調節因子と名付けた）が存在するはずだということが分かった。その遺伝子は、第一の種類の制御遺伝子が作用するスピードを左右して、制御を受ける構造遺伝子の変異頻度を加速させたり減速させたりするのだ。その上でマクリントックは、第一の種類の制御遺伝子は制御を受ける遺伝子と同じ染色体上にあるが、第二の種類の制御遺伝子（調節因子）は細胞核内のほぼどこにでも位置している可能性があり、同じ染色体上の離れた場所や、まったく別の染色体の上に位置している場合もあることを明らかにした。さらに一九四〇年代末までおこなった研究によって、そのような調節因子は一本の染色体上に留まっていないこともあると分かった。一本の染色体の上である場所から別の場所に、さらには同じ細胞内のある染色体から別の染色体に飛び移って、別の構造遺伝子や制御遺伝子に影響を与えるようになることもあるのだ。いまでは分かっているとおり、そのような調節因子は文字どおりある場所から別の場所へ飛び移るのではなく、細胞の機構によってコピーされたものが同じ染色体や異なる染色体の別の場所に挿入されるにすぎない。それでもこのプロセスは簡潔に「ジャンピング遺伝子」と広く呼ばれるようになった。重要なのは、一個の細胞のなかでもゲノムは一定不変ではないということだ。マクリントックはまた、一つの個体のなかでまったく同じゲノムを持つ細胞が、それぞれ異なる機能を発揮するしくみも明らかにした。再び一九八三年のノーベル賞受賞講演から引用しよう。

遺伝子発現のパターンの変化が生じていて、それが一枚の葉のなかのはっきりと定まった領域に限られていることがすぐに明らかとなった。したがってその変化した発現パターンは、その領域を生み出した祖先細胞のなかで起こった何らかの出来事に関連づけられるだろう。その出来事によって、ときに何世代も離れた子孫細胞の遺伝子発現のパターンまたはタイプが変化する。そしてその出来事は、有糸分裂の際に細胞のいくつかの構成要素が不均等に分離することに関連していることがすぐに明らかとなった。ペアとして互いに隣り合って現れる二つの領域における遺伝子発現のパターンが、互いに相補的になっていたのだ。

たとえば一方の領域では、白い背景のなかを一定間隔で走る淡緑色の筋の本数が、もともと苗木に存在していて同じ葉の別の場所にも現れる同様の筋と比べて少なくなっている場合があった。それとペアをなすもう一方の領域では、同様の筋の本数がもっとずっと多くなっていた。ペアをなすこれらの領域は互いに隣り合っていたため、それらのもととなった娘細胞は有糸分裂の際に変化を受けて、子孫細胞の遺伝子発現のパターンが互いに異なる形に調節されるようになったものと推測された。そのようなペアの領域を多数観察した末に、これらの事例における遺伝子発現のパターンの調節は、有糸分裂の際に何らかの出来事が起こって、一方の娘細胞が失ったものをもう一方の娘細胞が獲得したことに由来すると結論づけた。

私が基本的な遺伝現象を発見したことが認められたのを受け、一方の細胞が獲得してもう一方の細胞が失ったものが何であるかを明らかにすることに関心が集まった。

マクリントックは一九五〇年代初めには、尊敬を集める古参の科学者になっていた。しかし一九五〇年にこの研究内容を記した論文を『アメリカ科学アカデミー会報』で報告し、続いて一九五一年夏にホームグラウンドで開かれたコールド・スプリング・ハーバー・シンポジウムでその発見について発表しても、生物学者たちにはいっさい受け入れられなかった。遺伝子の役割もDNAの役割もいまだ完全には解明されていなかったため、制御遺伝子や調節因子に関するマクリントックの講演は同業の学者が理解できるような言い回しではなかったのだ。ある意味マクリントックは時代の先を行っていたが、逆に周囲からは時代遅れだとみなされた。細菌やウイルスやX線結晶学を使って進化を研究する新時代の主流から外れて、植物をいじり回すだけの、いわば現代のメンデルだというのだ。結果、マクリントックの研究はほぼ完全に無視された。逆にマクリントックも同業者たちのことを無視して、自分なりの研究を続けた。たとえば、ある機能遺伝子の活性を阻害する調節因子、いわゆる抑制遺伝子の存在を突き止めた。しかし一九五三年以降は、コールド・スプリング・ハーバー研究所の年間報告書を除いて研究結果をいっさい発表しなくなった。これもまたメンデルの話を彷彿(ほうふつ)とさせるように、マクリントックの研究の意義が広く認められるようになったのは、別の人が独自にほぼ同じ発見をおこなってからのことだった。ただしその再発見は、少なくともマクリントックが生きているうちに起こった。

遺伝子のオン・オフスイッチ

その鍵となる研究は、フランス人のジャック・モノー（一九一〇－七六）とフランソワ・ジャコブ（一九二〇－二〇一三）が大腸菌を用いておこなった。一九六〇年代初めに二人は大腸菌の変異系統について調べていて、マクリントックが一〇年前にトウモロコシの研究で発見したのと同じような、制御遺伝子の挙動のパターンを発見した。二人はマクリントックの研究について知らなかったため、一九六一年に『分子生物学ジャーナル』誌でその結果を発表した際には彼女について言及しなかった。しかしすぐさまほかの人たちがその関連性を指摘した上に、ＤＮＡとＲＮＡのそれぞれの役割の解明が進んで制御遺伝子の働きに関する研究が盛んになるにつれ、マクリントックの成果に対する評価は高まっていった。それでもマクリントックがノーベル賞を受賞したのは一九八三年、八一歳のときで、ジャコブとモノー、および同じくフランス人微生物学者のアンドレ・ルウォフ（一九〇二－九四）がバクテリオファージに関する画期的な研究により同賞を受賞してから一八年も経っていた。このようにＤＮＡの一部をある染色体からコピーして別の染色体に挿入するメカニズムが解明されたことで、遺伝子工学が可能となり、細胞自身の機構を利用して特定の病気を患う人の欠陥遺伝子を置き換えたり、作物を改良したりできるようになった。

一九八〇年代には、我々ヒトやオークなど複雑な生物のゲノムは一定ではなく、動的に変化していることが明らかとなっていた。進化のタイムスケールで見れば日常茶飯事のように染色体のあいだで遺伝子が組み換えられていて、それが進化の推進力の一つとなり、自然選択の作用を受ける多様性の一部を生み出している。そこから進化の本質に関わる二つの新発見につながるが、そのいずれもけっしてダーウィンとウォレスの研究成果をおとしめたり台無しにしたりするようなものではなかった。多様な個体に対する自然選択の作用は、この二人が見出したとおりである。しかしダーウィンもウォレスも（さらには一九世紀の誰一人として）、自然選択の作用を受けるその多様性がどのようにして生じるのかを正確には理解していなかった。そこから二つの新たな発見につながって、現在もなお盛んに研究されているのだ。

一九八一年にアレック・ジェフリーズ（一九五〇－、のちに法科学で用いられるDNAフィンガープリント法の開発者として名を上げる）が、ケンブリッジ大学キングズカレッジで開かれた学会で、同業の学者たちを驚かせるある発見について発表した。その頃にはすでに、ウイルスが意図せずして遺伝情報を運ぶことが明らかとなっていた。細菌に侵入したファージは、その細菌の機構を利用して自身のコピーを作る。その過程で細菌のDNAの一部が誤って「新たな」ウイルスにコピーされることがある。そしてその新たなウイルスが別の細胞に侵入してその細胞が生き延びると、その細胞のなかにはこの余分なDNAの断片が残される。ほとんどの場合、そのDNAの断片は無視される。そもそも、ある細菌から同種の別の細菌にDNAの断片が移動したところで大きな変化は起こらない。しかし仮に、コピーされたそのDNAがある生物種から別の生物種に移動して、その第二の生物種の細胞内で働きはじめたとしたら？　ジェフリーズはケンブリッジ大学で同業者たちにまさにそのように唱えたのだ。

ジェフリーズが注目するよう訴えたのは、マメ科の植物が空気中から窒素を取り込んで体内の化学物質へ「固定」するのに使う、レグヘモグロビンと呼ばれるたんぱく質である。このプロセスは、アミノ酸やたんぱく質や核酸の合成に欠かせないアンモニア（NH_3）を生成するもので、地球上の生物にとってきわめて重要である。我々ヒトは窒素を固定できないため、必要な窒素化合物は食物から摂取するしかない。窒素固定のプロセスは実際には細菌のなかでおこなわれるが、マメ科の植物の場合、その細菌は植物の細胞と共生関係にある。ジェフリーズは、レグヘモグロビンをコードしている遺伝子が、その名のとおり、動物の血液中で酸素を運ぶたんぱく質であるヘモグロビンの遺伝子にきわめて似ていると指摘した。その上で、はるか昔にその動物の遺伝子がウイルスに乗って運ばれて植物のなかに入り（このプロセスを遺伝子水平伝播という）、自然選択によって適応して新たな役割を持つようになったのだという説を示した。遺伝子水平伝播の概念は、肺炎球菌どうしで遺伝子が共有されるというグリフィスの研究結果に端を発していて、いまでは単純な生物の進化的挙動における重要なメカニズムの一つとして十分に受け入れられている。細菌のあいだで抗生物質耐性が広まる大きな要因である上に、殺虫剤を「食べて」分解することでその効果を低減させる細菌が進化する大きな原因でもあることが知られている。だが機能を持った遺伝子が、たとえばオークやゾウからヒトへ（あるいはその逆方向へ）移動するのは、ヒトの身体が複雑すぎるせいで不可能だろう。確かに興味深い発見だが、我々ヒトにとっては間接的な興味の対象にすぎない。しかし進化の本質に関わる第二の発見は、間違いなく我々一人一人に関係しているし、進化の解明の物語を現代にまで導いてくれる。

遺伝子は単に親から子へ受け継がれるだけではない。そのことを何よりもはっきりと理解するには、ヒトの一卵性双生児に注目すればいい。一卵性双生児が互いに外見がそっくりなのは、一個の受精卵が二個に分裂して発生したためで、そのため親からまったく同じ遺伝子を受け継いでいる。しかしもっとずっと興味深い事実として、一卵性双生児どうしも完全に同じではない。とはいっても、幼い頃に引き離されて別々に育てられたような事例を指しているのではない。ちなみにそのような事例をもとに、遺伝子による影響と育てられた環境による影響との差、いわゆる「氏か育ちか」を調べることができる。生まれてからずっと一緒で、外部から受けた影響がまったく同じである一卵性双生児でも、成長すると違いが出てくるのだ。場合によっては遺伝病へのかかりやすさの違いとして表れることもあり、たとえば一卵性双生児の一方がI型糖尿病を発症しても、もう一方はかからないケースがある。どちらも同じ遺伝子を持っているのだから、細胞のなかで遺伝子の働きに影響をおよぼす何らかの出来事が起こっているとしか考えられない。

別のレベルではそれはけっして驚くことではない。そもそもヒトの身体を作るすべての細胞にはどれも同じ遺伝情報が入っているのだから、たとえば肝臓細胞が肝臓細胞のように振る舞い、皮膚細胞が皮膚細胞のように振る舞うよう仕向ける何らかの出来事が起こっているに違いない。すべての皮膚細胞には肝臓を成長させるのに必要な遺伝情報が入っているが、だからといって皮膚の至るところから急に肝臓が成長しはじめることはない。肝臓細胞が肝臓細胞として働くように仕向けるメカニズムの一部がおかしくなったら、たとえ遺伝子自体が変化していなくても糖尿病を発症しかねない。これは、トウモロコシの葉に「間違った」色の斑点が現れるのとそう違わない。しかし驚かされるのは、ヒトの細胞のなかにあるＤＮＡのうちどのくらいの割合が、そのような遺伝子の振る舞いの制御に関わっているかである。

二重らせんを構成するＤＮＡの二本の鎖は、塩基どうしがちょうどファスナーの歯のように作用して互いにくっつき合っている。いまでは生化学的手法が十分に進歩して、ヒトゲノムのＤＮ

Aを残らず特定できるまでになっている。ヒトの身体を構成する一個一個の細胞には、DNAの鎖に沿ってつながった約六〇億組の塩基対が入っている。しかしそのすべてのDNAのうち、たんぱく質を作るためのコードを表現しているのはおよそ一億二〇〇〇万組にすぎない。全体のわずか二パーセントほどだ。ヒトの細胞のなかにあるDNAのうち約九八パーセントは、たんぱく質のコードには使われておらず、それゆえ「ノンコーディングDNA」と呼ばれることもある。それが明らかになってからしばらくのあいだ、このようなDNAは何の役にも立っていないと決めつけられ、「ジャンク（がらくた）DNA」として無視されていた。しかし少し考えてみれば、そんなことはないはずだと分かる。細胞のなかですら資源をめぐる競争が起こっていて、進化が作用している。資源の大半を無用なDNAに無駄遣いする細胞なんて、生存競争のなかでもっと効率的な細胞に勝つことはできないだろう。

生物の機能においてこの余分なDNAが重要な役割を果たしていることは、単純な生物と複雑な生物とでその量を比べてみればよく分かる。たんぱく質をコードしているDNAの量は、たとえば細菌や酵母よりもヒトやマウスのほうがもちろん多い。しかしノンコーディングDNAの相対的な割合は、複雑な生物であればあるほど大きいのだ。たんぱく質をコードしていないDNAの割合は、細菌で約一〇パーセント、ショウジョウバエで八二パーセントである。しかし先ほど示したとおり、ヒトの細胞では九八パーセントにも達する。複雑な生物であればあるほど、細胞のなかに入っている「無用な」DNAの割合が高いのだ。

もちろんそのようなDNAは本当は無用ではない。ノンコーディングDNAは、たんぱく質をコードしてはいなくても何らかの重要な働きをしているに違いない。何より、ノンコーディング

DNAから作り出されるRNA鎖はたんぱく質には翻訳されず、細胞の働きに影響を与える。DNAの割合から判断するに、一個の細胞を機能させるにはヒトの身体自体を機能させるのよりもはるかに手数が必要なのだ。しかしそのしくみを理解するには、DNAが詰め込まれている細胞核のなかで何が起こっているのかをもっと細かく見ていかなければならない。

細胞核の直径はわずか一〇マイクロメートル（〇・〇一ミリメートル）ほどしかない。ところがヒトの細胞一個に含まれるDNAをすべて一本につなぎ合わせると、約一・八メートルもの長さになる。それが四六本の小さな円筒（二三組の染色体）に束ねられていて、それらの円筒を一列に並べると全長〇・二ミリメートルになる。丸めた数値で言うと、DNAはその「自然な」長さのたった一万分の一に束ねられているのだ。

そのからくりは次のとおり。ヒストンと呼ばれる一群のたんぱく質が足場となり、そのまわりにDNAがきつく巻き付いて小さなスペースに詰め込まれるのだ。ヒストンが八個集まってビーズのような形を作り、そのビーズにDNA鎖が、ちょうどバスケットボールを包む網のように二回巻き付く。そしてもう一個のヒストンがDNA鎖に覆いかぶさって、ほどけないように押さえつける。こうしてできたビーズ（ヌクレオソームと呼ばれる）の両側には、隣のビーズにつながる「スペーサーDNA」という短い部分がある。その部分が柔軟なために、ヌクレオソームがずらりと連なった鎖がぐるぐる巻きになってコンパクトな構造を作り、それがさらにぐるぐる巻きになってますますコンパクトな形になる。まさに梱包の名人芸だ。しかしそのため、ある特定の遺伝情報を使う必要が出てきたときには、ちょうどそれに相当する部分のDNAだけをほどいて情報をメッセンジャーRNAにコピーし、それが終わったらもとあった場所にきちんと戻さなければならない。実はヒストンは単なる足場ではなく、DNA鎖をほどいて読み取ってもとに戻すという作業の一端を担っている。ヒストンの働きはこれまでに五〇通り以上特定されていて、そのなかには、遺伝子の読み取りを容易にしたり、逆に難しくしたりする働きもあれば、もっと繊細な働きもある。現在でも盛んに研究が進められているが、本書ではヒストンが遺伝子の活性化と不活性化に関わっていることを知っておけば十分である。

遺伝子の活性を制御する細胞のメカニズムがもう一つあり、それはメチル基という化学基が関わっていることから、メチル化と呼ばれている。メチル基は炭素原子と水素原子からなる小さな化学基で、メチル化の際には、シトシンとグアニンが隣り合って並んでいる場所のDNA鎖に「メチルラジカル」（CH_3）が結合する。メチル化はふつう遺伝子の「サイレンサー」（不活性化するもの）として作用するため、多くの場合、脱メチル化が起こると遺伝子がオンになる。*

時代をさかのぼると、リンネを戸惑わせたある現象はメチル化で説明できる。一七四〇年代にリンネは、ホソバウンランにそっくりだがまったく異なる花を付ける品種を目にして衝撃を受けた。リンネによる植物の分類体系が花の姿形に基づいていただけにとりわけ厄介な話で、「雌牛からオオカミの頭を持った子牛が生まれるくらいの驚きだ」と記している。一九九〇年代になって植物生物学者のエンリコ・コーエンが、この「モンスター植物」では、花の構造の決定に関わる特定の遺伝子がメチル基によって抑制されて不活性化していることを発見した。この性質は種子を通じてのちの世代にも受け継がれる。

*メチル化が「オンオフスイッチ」にたとえられる一方、ヒストンは調節可能な「音量つまみ」のように作用する。

RNA鎖もメチル化の影響を受ける。また、細胞内に漂うRNAがヒストンを修飾したり遺伝子の活性に影響を与えたりすることで、さらに謎めいた遺伝子活性のパターンが生み出されている。そのプロセスの詳細は解明までにはほど遠いが、ここで知っておくべきは、ゲノムは一つの活性パターンに固定されてはおらず、たとえ「生命の書」が同じでも、そのなかのどの一節を読んでそれに基づき行動するかは、細胞の置かれた状況、すなわち環境によって変わるということである。行動指針となる一節を選ぶというこのプロセス全般は、エピジェネティクスと呼ばれている。* 誰もが受け入れる正確な定義はないが、ここではそれは問題にはならない。

遺伝学を超えて

そのプロセスをはっきりと読み取れるのが、マウスを使ったある実験である。ある系統のマウスは体毛がおもしろい色のパターンをしていて、そのパターンはアグーチ遺伝子と呼ばれるたった一個の遺伝子によって制御されている。アグーチ遺伝子は体毛の成長の中間段階でだけオンになるため、正常なアグーチマウスでは毛の根元が黒色、真ん中あたりが黄色、毛先が黒色になる。しかしある変異系統では、同じ両親から生まれた子どうしでも、毛全体が黄色や黒色、あるいはその中間の色など、互いに異なる色になることがある。さらに、妊娠中の親にメチル基を多く含む餌を与えると、それぞれの毛色を持った子どうしの匹数比が変化する。母親の取った栄養がアグーチ遺伝子を不活性化（または不完全に不活性化）させて、赤ん坊の毛色に直接影響を与えるのだ。科学実験室でヒトに対してこのような実験をおこなうことはできない。しかし歴史上の二つの事例によって、妊娠中の母親の食事が子の遺伝子の活性に影響を与えるだけでなく、驚いたことにその影響がのちの世代まで続く、つまり遺伝することが明らかになっている。さらに驚くことに、父親が極端な食事を取った場合も同様の影響が現れるのだ。

エピジェネティクスが作用したことを示す悲惨な実例が、第二次世界大戦末期の一九四四年冬にヨーロッパで起こったある出来事によって得られている。連合軍が前進してきて解放が近いと勘違いしたオランダ人が、早まって祝典を開いて鉄道ストライキをおこなったことで、ナチスドイツ政府がその報復として占領地への食糧供給を故意に遮断した。例年にない寒さも拍車をかけた。四五〇万もの人が一日たった五八〇キロカロリーの食料しか口にできず、二万二〇〇〇人以上が餓死した。世に言う「飢えの冬」である。オランダでは医療制度が発達していて質の高い医療記録が取られていたため、この思いがけない「実験」から大量のデータが得られ、飢餓によってその直後に生まれた子供が受けた影響を調べることができた。

研究者たちはまず次のようなことに気づいた。母親が妊娠初期に十分な食事を取っていても、後期になってから飢餓状態になると、生まれる赤ん坊は低体重になることが多かった。しかし妊娠初期の三か月間が飢餓状態であっても、その後に十分な食事を取っていれば、赤ん坊の体重は正常になった。十分な食事が取られているあいだに成長が速くなって、ほぼ「正常」な傾向に追いついたのだ。その傾向は子供が成長するあいだも続いた。低体重で生まれた赤ん坊は体重が軽いままだったが、子宮のなかにいるうちに成長にラストスパートをかけた赤ん坊は、成人になってからの肥満率が異常に高く、あたかも胚発生初期の栄養不良をいまだに取り返そうとしている

＊直訳すると「遺伝の上」となり、遺伝子自体を上回る何かという意味になる。

かのようだった。しかも体重の重いその成人たちは統合失調症などさまざまな病気にかかりやすかったが、体重の軽い人のあいだではそれらの病気はほとんど見られなかった。胚発生の初期に起こった何らかの出来事が、遺伝的な青写真そのものでなくその解釈のしかたに影響を与えていたことは明らかだ。それだけならたいして不思議ではないが、驚いたのはこの影響がさらに引き継がれたことである。低体重の子供の子供（飢えの冬を経験した母親の孫）は、たとえ自分や自分の母親の栄養状態が良くても体重が軽くなったのだ。そこで何が起こっているのかを明らかにするために、蠕虫（ぜんちゅう）を使った再現実験がおこなわれ、この影響が何世代も後まで引き継がれることが確かめられた。エピジェネティクスは遺伝するのだ。

この現象に関係していたのはメチル化ではなく、同じく遺伝子の発現のしかたに影響を与えるＲＮＡの短い断片の活性である。それらの分子のうち、現在「飢餓応答低分子ＲＮＡ」と呼ばれているものは、その名のとおり食料が不足した際に、細胞が栄養分を処理するプロセスに影響を与える。蠕虫ではひとたびこの応答がオンになると、たとえその子孫が飢えていなくても、少なくとも三世代にわたってスイッチがオンのままになる。そしてさらに驚きの事実が明らかとなった。ヒトの母親の栄養状態が子宮内の胎児の発達に影響を与えるのは容易に理解できるし、そのたぐいの影響が何世代も後まで続く場合があることもさほど驚きではない。しかし、父親の栄養状態が同じように赤ん坊に影響を与えるなどとは誰も予想していなかった。ところが現在では、まさにそのとおりであることが分かっている。その証拠は、一九世紀末から二〇世紀初めにかけてスウェーデン北部のある孤立した村を襲った一連の飢饉の記録を調べることで得られた。記録によるとその村では豊作の時期と凶作の時期が交互に訪れ、飢餓に苦しめられた家族は豊作の年には当然ながら大いに飲み食いをしていた。

この場合の医療記録は、飢餓を生き延びた人たちから何世代ものちの子孫までカバーしていた。そこから浮かび上がってきたのは、彼ら子孫の健康状態と、その男性の祖先の思春期直前における栄養状態との関連性である。思春期直前には通常、成長遅延期間（ＳＧＰ）という時期が訪れる。男の子がこのＳＧＰのあいだに栄養状態が悪いと、その孫息子が脳卒中や高血圧や心臓病で死ぬリスクが低下する傾向があったのだ。逆にＳＧＰのあいだに、とくに肉や乳製品などの食物を過剰に摂取すると、その孫息子が肥満になったり糖尿病などの病気にかかったりするリスクが上昇し、思春期直前に栄養不足だった男の子の孫息子と比べて平均寿命が約六年短くなっていた。確かに興味深い発見だったが、記録が古い上に人数も少なかった。そこで研究者たちは当然ながら、実験室での研究でこの結論を確かめることにした。

ある研究では、標準的な系統の実験動物であるオスのアルビノ（白子）のラットに高脂肪食を与え、標準的な餌を与えられていたメスと交尾させた。するとその子は、体重は正常なのに糖尿病に関連する症状を示した。別の実験ではオスのマウスに、たんぱく質を減らしてその代わりに糖質を増やすことでカロリーを補った餌を与えた。そして通常の餌を与えられていたメスと交尾させた。この実験では子の肝臓内での遺伝子活性を直接調べたところ、やはり糖尿病に関連する変化が見つかった。このような実験によって、オスが環境から影響を受けてもエピジェネティックな変化が起こり、それが少なくとも次の世代に、おそらくはその先の世代にも引き継がれることが分かっている。その変化は、子宮内で胎児の環境が変化したことによって生じるのではない。

また別の研究では、妊娠中のメスのマウスに低カロリー食を与えつづけたところ、生まれた子は低体重で糖尿病にかかりやすくなった。そしてその子に通常の餌を与えてもなお、そこから生まれた子は体重が軽くて糖尿病にかかるリスクが高かったのだ。

これと同様の形で作用する影響はほかにもあるが、ここでとくに興味深い例として栄養状態を挙げたのは、今日の重大な健康問題と関係しているからだ。現在少なからぬ国が、いわゆる肥満の蔓延に陥っている。肥満の両親の子が肥満になるのは、その両親が食事を与えすぎるからだと考えるのが自然だ。しかし子供が肥満になって糖尿病などの病気にかかるのは、父親自身が子供の頃に食べすぎたことが一因かもしれない。「太っちゃうのは遺伝子のせいなんだ」という言い訳をよく聞くが、実はそこには一片の真実があるのかもしれない。肥満の人は適切な食事や運動では痩せられないという意味ではなく、社会全体でこの問題に取り組むためのヒントになるかもしれないということだ。これはエピジェネティクスの解明が実際に役に立つことを示す一例にすぎないが、さらに同様の例を当たっていくと本書の範囲を超えてしまいそうだ。

我々が知っておくべきは、二〇二〇年代に入ってもいまだに進化の科学的解明自体が進化しているということだ。ダーウィンとウォレスが示した自然選択の役割は確かに正しいが、たんぱく質の発現のしかたがエピジェネティック的に制御されることで柔軟性が確保されていて、それによって複雑な生物が大惨事をくぐり抜けられるようになっている。環境が変化すると、有用な変異が生じるのを待たなくても生物は変化できる余地がある。そうして一つの生物種が十分に長く生き長らえれば、有用な変異が生じて新たな変種が繁栄し、もとの変種とともに生き延びるだけでなく、場合によってはもとの変種に取って代わるかもしれない。それについてはいまだに分かっていないことがたくさんある。マクリントックはノーベル賞受賞講演で次のように述べた。

……細胞自体のなかで起こった偶然の出来事や、ウイルスの感染、種間交雑、各種の毒、さらには組織培養による環境の変化などによってさまざまな影響を受けると、ゲノムは普段と違う反応を示す。

そしてそれに続いて次のように力説した。

しかし、その細胞が危険を感知してまさに見事な反応を起こすしくみについては、何一つ分かっていない。

進化の物語は始まったばかりなのかもしれない。

資金援助をしてくれたアルフレッド・C・マンガー財団と、研究拠点を提供してくれたサセックス大学に感謝する。

訳者あとがき

本書は John Gribbin & Mary Gribbin, *On the Origin of Evolution, Tracing 'Darwin's Dangerous Idea' from Aristotle to DNA*, William Collins (2020) の全訳である。

チャールズ・ダーウィンといえば、言わずと知れた科学の巨人である。もちろん学校でも教わる名前だし、動物番組のタイトルにまで使われているほどだ。そんなダーウィンに関して多くの人が抱いているイメージは、おそらく次のようなものだろう。

古代からずっと人類は無知蒙昧(もうまい)で、生物のことも何一つ知らなかった。しかしダーウィンだけは真理を見抜き、たった一人でひそかに壮大な思索をめぐらせた。そして突如として世界中の人々に、生物は進化するのだということを有無を言わさぬ形で知らしめた。その瞬間、進化論は完全な形で完成した。

科学のヒーロー像にぴたりと当てはまるとらえ方だし、何よりも話がすっきりする。ところが実際の歴史はまったく違う。ダーウィン以前にも生物の進化について考えを重ねた人は大勢いたし、ダーウィン以後にも進化論は〝進化〟を続け、いまでも発展しつづけている。さらにダーウィンが導き出したのは進化論自体ではなく、新たな生物種が生まれる基本的メカニズムである。もちろんそれだけでも歴史的な大偉業だが、あくまでも進化論を支える柱の一本にすぎない。しかもダーウィンとまったく同時期に、まったく同じ理論にたどり着いた人物がもう一人いた。知る人ぞ知るアルフレッド・ラッセル・ウォレスである。

ではダーウィンとウォレスはどのようにして進化のメカニズムにたどり着いたのか？　なぜダーウィンだけがこれほどまでに世に知られているのか？　その答えは、古代や中世からダーウィンとウォレスの時代を経て、その後の時代に至るまで綿々と紡がれてきた、生物をめぐる思索の歴史をたどっていけば見えてくる。本書ははるか昔から現代まで続くその進化論の歴史を、数々の思索家の生涯を取り上げながらひもといた一冊である。

第1部ではダーウィン以前の時代をたどっていく。生物が進化するという発想は、何と紀元前にまでさかのぼるという。紀元後にキリスト教が確立し、神による創世物語が信じられるようになったが、そんななかでも生物種の進化について思索した神学者が何人もいた。そしてルネサンス以後、キリスト教の枠組みから踏み出して、生物は長い歳月を経て進化と絶滅を繰り返してきたと考える人たちが現れた。ところが、生物が進化するには悠久の歳月が必要であることが問題となる。ここで地質学が大きく発展して、地球は何億年も昔に生まれたことが明らかとなり、歳月の問題は解決された。そんな時代にダーウィンがあの有名な航海に出発する。

第2部はいよいよダーウィンとウォレスをめぐる物語である。この頃すでに、生物が進化すること自体はほぼ事実だと受け止められていて、具体的にどのようにして進化が起こるのかが問題となっていたという。そこで、家畜や栽培植物の品種改良と同様のプロセスが自然界でも起こっていて、それによって新たな生物種が生まれるのだと説く人たちが現れた。しかし時期尚早、科学界はまだそんな説を受け入れられる状況になかった。そんななかでダーウィンは実際の観察結果に基づいて、多様性と自然選択に基づく種の起源の理論を徐々に構築していった。そしてそれと時を同じくして、若くて野心に満ちたウォレスが東方で採集旅行を続けながら、ダーウィンとまったく同じ理論を思いつく。この二人のあいだにどのようなやり取りがあったのか？　どんな葛藤があって、どのような形で決着がついたのか？　ラッセルは進化論の発展にどのような役割を果たしたのか？　本文中では細かい経緯をつぶさにたどりながらそれを解き明かしていく。

しかしこれで進化論が完成したわけではない。第3部ではその後の進展を追いかけていく。ダーウィニズムの二つの前提のうち、自然選択のほうは証拠によって裏付けられたが、多様性がどのようにして生じるのかは皆目見当がつかなかった。それが遺伝子の発見によって明らかとなり、さらに遺伝子の正体がＤＮＡであることが証明された。こうして進化論は一応の完成を見たが、実は遺伝子のほかにも進化の担い手があった。その解明は今日もなお進められていて、進化論の進化はいまでも続いているのだという。

どんな科学理論も、何もないところから突如として完成された形で生まれることはない。長い歳月をかけて大勢の人が思索や観察を繰り返し、知見や疑問が少しずつ積み上げられていく。そして機が熟したところで、誰かがそれをひとくくりにまとめる理論を提案する。すると何人もの科学者が、それを手直ししたり肉付けしたりして洗練させていく。相対性理論もアインシュタインがゼロから作り出したのではなく、何人もの科学者の考察を土台にして構築された。進化論も同じで、千数百年にもおよぶ長い歴史の上に築かれている。しかしダーウィンが偉大でなかったなどということはけっしてなく、逆にそれだけ壮大な歴史を後ろ盾にしてその威光はますます強まるだろう。科学、ひいては人類の思想を、豊かな歴史を踏まえてより深く味わえる、本書はそんな一冊だと思う。

二〇二二年四月

注

1 Patricia Fara, *Science: A Four Thousand Year History*, Oxford UP, 2009, page 235.
2 Aristotle, *Physics*, Osborn による引用。
3 Conway Zirkle, *Natural Selection Before the 'Origin of the Species'*. Proceedings of the American Philosophical Association, volume 84, page 71, 1941 を見よ。
4 Osborn による引用。
5 Lisa Jardine, *The Curious Life of Robert Hooke*, HarperCollins, London, 2002 による引用。
6 Drake を見よ。
7 Raven を見よ。
8 Blunt による引用。
9 Frängsmyr を見よ。
10 http://cogweb.ucla.edu/EarlyModern/Maupertuis_1745.html
11 Wilson を見よ。
12 Knight を見よ。
13 *Les Cabales*, 初版 1772年, Kessinger より複写で入手可能, 2010.
14 Roger を見よ。
15 'Biographical account of the late James Hutton, M.D.', in *Works*.
16 Winchester を見よ。
17 Bowlby を見よ。
18 Bowlby を見よ。
19 *Lord Kelvin and the Age of the Earth*, J. Burchfield, Macmillan, London, 1975 における引用。トムソンは 1892 年にケルヴィン卿となった。
20 *The Dating Game*, Cherry Lewis, Cambridge UP, 2000 を見よ。
21 *The Collected Letters of Samuel Taylor Coleridge*, Clarendon Press, Oxford.
22 Jordanova からの訳。
23 Rudwick を見よ。
24 Carl Gustav Carus, *The King of Saxony's Journey Through England and Scotland in the Year 1844*, Chapman & Hall, London, 1846.
25 *The Life and Letters of the Rev. Adam Sedgwick*, Cambridge UP, 1890 を見よ。
26 Browne, *Charles Darwin: The Power of Place* を見よ。
27 van Wyhe による引用。
28 *A Narrative of Travels on the Amazon and Rio Negro*.
29 *Darwin on Man*, Wildwood House, London, 1974.
30 Francis Darwin, *The Life and Letters of Charles Darwin*, John Murray, London, 1887 を見よ。Volume II, page 197 より引用。http://darwin-online.org.uk/content/ で閲

覧可能。

31 Gruber を見よ。

32 Longman, London, 1986.

33 Wallace, *My Life* を見よ。

34 *Schwann and Schleiden Researches*, H. Smith訳, Sydenham Society, 1847.

35 Iltis を見よ。

36 Judson を見よ。

37 *The Nature of the Chemical Bond*, Cornell UP, 1940.

38 Judson による引用。

39 http://www.the-scientist.com/?articles.view/articleNo/22403/title/Martha-Chase-dies/

40 Sayre を見よ。

41 Olby を見よ。

42 *Genetical Implications of the Structure of Deoxyribonucleic Acid.*

出典と参考文献

進化論の起源に興味のある人にとって欠かせないオンラインリソースが以下の２つ。

http://darwin-online.org.uk/
http://wallace-online.org/

このどちらにも、ダーウィンとウォレスの経歴に関する情報や、彼らの膨大な出版物、手紙やノートが収められている。本書（とくに第５章と第６章）で取り上げた引用文はここから取った。

Elizabeth Agassiz, *Louis Agassiz: His Life and Correspondence*, Houghton Mifflin, Boston, 1886（全２巻）.

Claude Albritton, *The Abyss of Time*, Freeman, Cooper & Co., San Francisco, 1980.

Antoine-Joseph Dézallier d'Argenville, *L'Histoire Naturelle*, 初版 1757年, Forgotten Books より入手可能, 2018.

Svante Arrhenius, *Worlds in the Making*, Harper, New York, 1908.

John Baker, *Abraham Trembley of Geneva*, Edward Arnold, London, 1952.

Nora Barlow編, *Charles Darwin's Diary of the Voyage of H.M.S. 'Beagle'*, Cambridge UP, 1933.

Nora Barlow編, *Charles Darwin and the Voyage of the 'Beagle'*, Philosophical Library, New York, 1946.

Nora Barlow編, *The Autobiography of Charles Darwin*, complete edition, Norton, New York, 1958.〔ノラ・バーロウ編『ダーウィン自伝』八杉龍一・江上生子訳、ちくま学芸文庫、2000 年など〕

Barrett, P. H., Gautrey, P. J., Herbert, S., Kohn D. & Smith, S.編. *Charles Darwin's Notebooks*, British Museum, London, 1987.

Henry Walter Bates, *The Naturalist on the River Amazons*, John Murray, London, 1892.〔ヘンリー・ウォーター・ベイツ『「完訳」アマゾン河の博物学者』長澤純夫・大曾根静香訳、平凡社、1996 年など〕

William Bateson, *Mendel's Principles of Heredity*, Cambridge UP, 1909（メンデルの有名な論文のリプリントが収められている）.

David Beeson, *Maupertuis*, Oxford UP, 1992.

Jim Bennett, Michael Cooper, Michael Hunter and Lisa Jardine, *London's Leonardo*, Oxford UP, 2003.

Wilfrid Blunt, *Linnaeus*, Frances Lincoln, London, 2004.

Russell Bonduriansky & Troy Day, *Extended Heredity*, Princeton UP, 2018.

John Bowlby, *Charles Darwin*, Hutchinson, London, 1990.
Peter Bowler, *The Mendelian Revolution*, Athlone, London, 1989.
John Langdon Brooks, *Just Before the Origin*, Columbia UP, New York, 1984.
Janet Browne, *Charles Darwin: Voyaging*, Cape, London, 1995.
Janet Browne, *Charles Darwin: The Power of Place*, Cape, London, 2002.
Georges Buffon, *Natural History*, Strahan and Cadell, London, 1785, William Smellie訳, https://archive.org/details/naturalhistoryge02buffuoft で閲覧可能.〔ジョルジュ＝ルイ・ルクレール・ビュフォン『ビュフォンの博物誌』荒俣宏監修、ベカエール直美訳、工作舎、1991 年〕
Georges Buffon, *The Epochs of Nature*, Jan Zalasiewicz, Anne-Sophie Milon and Mateusz Zalasiewicz 訳・編, University of Chicago Press, 2018.〔ビュフォン『自然の諸時期』菅谷暁訳、法政大学出版局、1994 年〕
Frederick Burkhardt et al.編, *The Correspondence of Charles Darwin*, Cambridge UP, 1985-.
Thomas Burnet, *The Sacred History of the Earth*, 初版はラテン語で 1681 年と 89 年に全２巻で出版された; Forgotten Books, 2018 から入手可能, または https://orange36.com/wp-content/uploads/2013/01/The-Sacred-Theory-of-the-Earth-Books-123-and-4-from-1691-347pgs.pdf からダウンロード可能.
James Burnett（Lord Monboddo）, *Of the Origin and Progress of Language*, Balfour & Cadell, Edinburgh, 全 6 巻, 1773-1792.
Samuel Butler, *Evolution, Old and New*, Hardwicke & Bogue, London, 1879.
Nessa Carey, *The Epigenetics Revolution*, Icon, London, 2011.〔ネッサ・キャリー『エピジェネティクス革命』中山潤一訳、丸善出版、2015 年〕
Robert Chambers, *Vestiges of the Natural History of Creation*, Churchill, London, 1844. British Library Historical Print Edition, 2011 として入手可能.
Robert Chambers, *Explanations: A Sequel to the 'Vestiges of the Natural History of Creation'*, Churchill, London, 1845.
Teilhard de Chardin, *The Phenomenon of Man*, 英語版, Collins, London, 1959.〔ピエール・テイヤール・ド・シャルダン『現象としての人間　新版』美田稔訳、みすず書房、2019 年など〕
Ronald Clark, *JBS: The Life and Work of J. B. S. Haldane* Oxford UP, 1984.〔ロナルド・クラーク『J・B・S・ホールデン』鎮目恭夫訳、平凡社選書、1972 年〕
E. L. Cloyd, *James Burnett, Lord Monboddo*, Oxford UP, 1972.
William Coleman, *Georges Cuvier, Zoologist*, Harvard UP, 1964.
Nathaniel Comfort, *The tangled field: Barbara McClintock's search for the patterns of genetic control*, Harvard UP, 2001.
Georges Cuvier, *Lessons in Comparative Anatomy*, 'Cuvier's History of the Natural Sciences: twenty-four lessons from Antiquity to the Renaissance', Abby S. Simpson訳, Theodore Pietsch編, Publications scientifiques du Muséum national d'Histoire

naturelle, Paris, 2012 として入手可能.

Georges Cuvier, *Essay on the Theory of the Earth*, Blackwood, Edinburgh, 1813.

Cyril Darlington, *Darwin's Place in History*, Blackwell, Oxford, 1959.

Charles Darwin, *Journal of Researches*, Hafner, New York, 1952 (1839 年復刻版).(別題 *Voyage of the Beagle*); Nora Barlow も見よ.〔チャールズ・R. ダーウィン『新訳　ビーグル号航海記（上・下)』荒俣宏訳、平凡社、2013 年など〕

Charles Darwin, *On the Origin of Species*, John Murray, London, 1859. 初版がもっとも優れていて信頼できる。*The Annotated Origin: A Facsimile of the First Edition of On the Origin of Species*, Harvard UP, 2011 も優れている。のちの版を収めた 'Historical Sketch' が http://oll.libertyfund.org/pages/darwin-s-historical-sketch-on-the-origin-of-species で入手可能。〔ダーウィン『種の起源（上・下)』渡辺政隆訳、光文社古典新訳文庫、2009 年など〕

Charles Darwin, *Variation of Animals and Plants under Domestication*, John Murray, London, 1868 (全 2 巻).〔ダーウィン『ダーウィン全集 4・5　家畜・栽培植物の変異（上・下)』永野為武・篠遠喜人訳、白揚社、1938-1939 年〕

Charles Darwin, *The Descent of Man*, John Murray, London, 1871, Penguin Classic, London, 2004 として入手可能.〔チャールズ・ダーウィン『人間の由来（上・下)』長谷川眞理子訳、講談社学術文庫、2016 年〕

Erasmus Darwin, *The Botanic Garden*, Johnson, London, 1791.

Erasmus Darwin, *Zoonomia*, Johnson, London, 全 2 巻, 1794/1796.

Erasmus Darwin, *The Temple of Nature*, Johnson, London, 1803.

Francis Darwin編, *Life and Letters of Charles Darwin*, John Murray, London, 1887 (全 3 巻).〔F. ダーウィン『チャールズ・ダーウィン　自叙伝宗教観及び其追憶』小泉丹訳、岩波文庫、1927 年など〕

Francis Darwin編, *Foundations of the Origin of Species*, Cambridge UP, 1909.

Francis Darwin and A. C. Seward編, *More Letters of Charles Darwin*, John Murray, London, 1903 (全 2 巻).

Richard Dawkins, *The Selfish Gene*, Oxford UP, 1976.〔リチャード・ドーキンス『利己的な遺伝子　40 周年記念版』日高敏隆・岸由二・羽田節子・垂水雄二訳、紀伊國屋書店、2018 年など〕

Richard Dawkins, *The Extended Phenotype*, Freeman, Oxford, 1982.〔R. ドーキンス『延長された表現型　自然淘汰の単位としての遺伝子』日高敏隆・遠藤彰・遠藤知二訳、紀伊國屋書店、1987 年〕

Dennis Dean, *James Hutton and the History of Geology*, Cornell UP, 1992.

Daniel Dennett, *Darwin's Dangerous Idea*, Simon & Schuster, New York, 1995.〔ダニエル・C・デネット『ダーウィンの危険な思想』山口泰司監訳、青土社、2000 年〕

Adrian Desmond, *Huxley*, Penguin, London, 1997.

Theodosius Dobzhansky, *Genetics and the Origin of Species*, Columbia UP, 1937.

Ellen Tan Drake, *Restless Genius: Robert Hooke and His Earthly Thoughts*, Oxford UP,

1996.

Lee Alan Dugatkin, *Mr. Jefferson and the Giant Moose: Natural History in Early America*, University of Chicago Press, 2009.

Loren Eiseley, *Darwin's Century*, Doubleday, New York, 1958.

Niles Eldredge, *Time Frames*, Heinemann, London, 1986.

Georgina Ferry, *Dorothy Hodgkin*, Bloomsbury, London, 2014.

Martin Fichman, *An Elusive Victorian: The Evolution of Alfred Russel Wallace*, Chicago UP, 2004.

R. A. Fisher, *The Genetical Theory of Natural Selection* Clarendon Press, Oxford, 1930.

Tore Frängsmyr編, *Linnaeus*, University of California Press, Berkeley, 1983.

Francis Galton, *Natural Inheritance*, Macmillan, London, 1889.

Etienne Geoffroy Saint-Hilaire, *Philosophie anatomique*, 1818–22年に全2巻として出版, Ulan Press, 2012からAmazonを通じて復刻.

Charles Gillispie, *Genesis and Geology*, Harvard UP, 1951.

Stephen Jay Gould, *Wonderful Life*, Hutchinson Radius, London, 1989.〔スティーヴン・ジェイ・グールド『ワンダフル・ライフ』渡辺政隆訳、ハヤカワ・ノンフィクション文庫、2000年〕

Stephen Jay Gould, *The Structure of Evolutionary Theory*, Belknap, Harvard, 2002.〔スティーヴン・ジェイ・グールド『進化理論の構造　I・II』渡辺政隆訳、工作舎、2021年〕

John Gribbin, *In Search of Schrödinger's Cat*, Bantam, London, 1984.〔ジョン・グリビン『シュレーディンガーの猫　上・下』坂本憲一・山崎和夫訳、地人選書、1989年〕

John Gribbin, *Science: A History*, Allen Lane, London, 2002.

John Gribbin, *The Cosmic Origins of Life*, Endeavour Press, 2019.

John Gribbin & Jeremy Cherfas, *The First Chimpanzee*, Penguin, London, 2001.

Mary Gribbin & John Gribbin, *Flower Hunters*, Oxford UP, 2008.

Howard Gruber, *Darwin on Man*, Wildwood House, London, 1974.

Robert Gunther, *Further Correspondence of John Ray*, Ray Society, London, 1928.

Ernst Haeckel, *The History of Creation*, Appleton, New York, 1880（全2巻）; 初版はドイツ語で1868年に出版.〔エルンスト・ヘッケル『自然創造史　1・2』石井友幸訳、晴南社、1946年〕

Knut Hagberg, *Carl Linnaeus*, Dutton, New York, 1953.

J. B. S. Haldane, *The Causes of Evolution*, 初版1932年, Princeton UP, 1990から優れた版が入手可能.

Robin Henig, *A Monk and Two Peas: The Story of Gregor Mendel and the Discovery of Genetics*, Phoenix, London, 2001.

Sandra Herbert, *Charles Darwin, Geologist*, Cornell UP, Ithaca, 2005.

Lewis Hicks, *A Critique of Design Arguments*, Scribner's, New York, 1883; https://

archive.org/details/critiqueofdesign00hick で閲覧可能.
Jonathan Hodge, *Before and After Darwin*, Routledge, London, 2008.
Jonathan Hodge and Gregory Radick編, *The Cambridge Companion to Darwin*, Cambridge UP, 2009.
Robert Hooke, *Micrographia*, Royal Society, London, 1665; 複写版 Dover, New York, 1961.〔ロバート・フック『ミクログラフィア図版集　微小世界図説』永田英治・板倉聖宣訳、仮説社、1984 年〕
Robert Hooke, *Lectures and Discourses on Earthquakes*, Posthumous Works（Richard Waller編, 1705）から復刻, Arno Press, New York, 1978 より出版.
Alexander von Humboldt, *Personal Narrative of Travels*, Longmans, Hurst, Orme, Rees and Brown, London, 1814. 縮約版が Penguin Classic から入手可能.〔アレクサンダー・フォン・フンボルト『新大陸赤道地方紀行　上・中・下』大野英二郎・荒木善太訳、岩波書店、2001 年〕
Michael Hunter and Simon Schaffer編, *Robert Hooke: New Studies*, Boydell Press, Woodbridge, 1989.
James Hutton, *Theory of the Earth*, Creech, Edinburgh, 1795（全３巻）; 初版は 1788 年に Transactions of the Royal Society of Edinburgh のなかで発表.
Julian Huxley, *Evolution: The Modern Synthesis*, Allen & Unwin, London, 1942.〔ジュリアン・ハクスリー『進化とは何か』長野敬・鈴木善次訳、講談社ブルーバックス、1968 年〕
Leonard Huxley編, *Life and Letters of Thomas Henry Huxley*, Macmillan, London, 1913（全３巻）.
Leonard Huxley, *Life and Letters of Sir Joseph Dalton Hooker*, John Murray, London, 1918（全２巻）.
Thomas Henry Huxley, *Evidence as to Man's Place in Nature*, Williams & Norgate, London, 1863; www.gutenberg.org/files/2931/2931-h/2931-h.htm で閲覧可能.
Thomas Henry Huxley, Collected Essays, 全９巻, https://archive.org/details/collectedessays00huxl で閲覧可能.
Hugo Iltis, *Life of Mendel*, Norton, New York, 1932.
Stephen Inwood, *The Man Who Knew Too Much*, Macmillan, London, 2002.
Roland Jackson, *The Ascent of John Tyndall*, Oxford UP, 2018.
Lisa Jardine, *The Curious Life of Robert Hooke*, HarperCollins, London, 2003.
Ludmilla Jordanova, *Lamarck*, Oxford UP, 1984.
Horace Freeland Judson, *The Eighth Day of Creation*, Cape, London, 1979.
Immanuel Kant, *Universal Natural History and Theory of the Heavens*, 初版はドイツ語で 1755 年出版, Scottish Academic Press, Edinburgh, 1981 より入手可能.〔カント『カント全集２　前批判期論集Ⅱ』坂部恵・有福孝岳・牧野英二ほか編、岩波書店、2000 年に収録〕
Evelyn Fox Keller, *A Feeling for the Organism*, Freeman, San Francisco, 1983.

Paul Kent and Allan Chapman編, *Robert Hooke and the English Renaissance*, Gracewing, Leominster, 2005.

Geoffrey Keynes, *A Bibliography of Dr Robert Hooke*, Clarendon Press, Oxford, 1966.

Desmond King-Hele編, *The Essential Erasmus Darwin*, McGibbon & Kee, London, 1968.

Desmond King-Hele, *Erasmus Darwin*, De la Mare, London, 1999.〔デズモンド・キング＝ヘレ『エラズマス・ダーウィン』和田芳久訳、工作舎、1993年〕

William Knight, *Lord Monboddo*, John Murray, London, 1900.

Ernst Krause, *Erasmus Darwin*, Appleton, New York, 1880.

Jean-Baptiste Lamarck, *Zoological Philosophy*, 初版はフランス語で1809年出版, Forgotten Books, London, 2016から英語版が入手可能（https://www.forgottenbooks.com/enを見よ).〔ラマルク『動物哲学』小泉丹・山田吉彦訳、岩波文庫、1954年など〕

Nick Lane, *Life Ascending*, Profile, London, 2010.〔ニック・レーン『生命の跳躍』斉藤隆央訳、みすず書房、2010年〕

Nick Lane, *The Vital Question*, Profile, London, 2015.〔ニック・レーン『生命、エネルギー、進化』斉藤隆央訳、みすず書房、2016年〕

Edwin Lankester, *The Correspondence of John Ray*, Ray Society, London, 1848. https://archive.org/stream/correspondenceof48rayj#page/n13/mode/2upで閲覧可能.

Pierre-Simon Laplace, *The System of the World*, 英語版初版1809年, https://archive.org/details/systemworld01laplgoogで閲覧可能.〔ピエール＝シモン・ラプラス『ラプラスの天体力学論　1-5』竹下貞雄訳、大学教育出版、2012-2013年〕

William Lawrence, *Lectures on physiology, zoology and the natural history of man*, Callow, London, 1819.

William Leonard, *The Fragments of Empedocles*, Open Court, Chicago, 1908.

Cherry Lewis, *The Dating Game*, Cambridge UP, 2000.〔チェリー・ルイス『地質学者アーサー・ホームズ伝』高柳洋吉訳、古今書院、2003年〕

Richard Lewontin, *The Genetic Basis of Evolutionary Change*, Columbia UP, 1974.

Lucretius, *The Nature of Things*, Penguin, London, 2007.〔ルクレーティウス『物の本質について』樋口勝彦訳、岩波書店、2020年など〕

Charles Lyell, *Principles of Geology*; 初版はJohn Murray, Londonから全3巻で出版, 現在は全1巻でPenguin, London, 1997から入手可能.〔J. A. シコード編『ライエル地質学原理　上・下』河内洋佑訳、朝倉書店、2006年など〕

Charles Lyell, *Geological Evidences of the Antiquity of Man*, 初版はJohn Murray, Londonから1863年出版, 1873年に大幅に改訂.

Katherine Lyell編, *Life, Letters and Journals of Sir Charles Lyell*, John Murray, London, 1881（全2巻).

Cherrie Lyons, *Thomas Henry Huxley*, Prometheus, New York, 1999.

Benoît de Maillet, *Telliamed*, 初版 1748年, 英語版 Albert Carozzi訳, University of Illinois Press, Urbana, 1968.〔マイエほか『ユートピア旅行記叢書 12　ニコラス・クリミウスの地下世界の旅・テリアメド』中川久定ほか訳、岩波書店、1999 年〕

Thomas Malthus, *An Essay on the Principles of Population*, 縮約版 1798年, 完全版 1803年. Penguin Classic, London, 2015 として入手可能.〔マルサス『人口論』斉藤悦則訳、光文社古典新訳文庫、2011 年など〕

James Marchant, *Alfred Russel Wallace*, Harper, New York, 1916.

Lynn Margulis, *Symbiosis in Cell Evolution*, Freeman, New York, 第 2 版 1993.

Patrick Matthew, *On Naval Timber and Arboriculture*, Adam Black, Edinburgh, 1831.

Pierre-Louis Moreau de Maupertuis, *Ouvres*, 初版は全 4 巻で 1768 年出版, Olms, Hildesheim, 1968 により復刻; https://archive.org/details/uvresdemaupertui01maup で閲覧可能.

Ernst Mayr, *Evolution and the Diversity of Life*, Harvard UP, 1976.〔マイア『進化論と生物哲学』八杉貞雄・新妻昭夫訳、東京化学同人、1994 年〕

Ernst Mayr, *The Growth of Biological Thought*, Harvard UP, 1981.

Ernst Mayr, *What Evolution Is*, Basic Books, New York, 2001.

H. L. McKinney, *Wallace and Natural Selection*, Yale UP, 1972.

Gregor Mendel, *Experiments on Plant Hybridization*, Harvard UP, 1965.〔メンデル『雑種植物の研究』岩槻邦男・須原準平訳、岩波文庫、1999 年など〕

Milton Millhauser, *Just Before Darwin: Robert Chambers and the Vestiges*, Wesleyan UP, Middletown, Conn., 1959.

Monboddo (Lord), Burnett (James) を見よ.

Thomas Hunt Morgan, *Evolution and Adaptation*, 初版 1903年, Cornell UP, 2009 より入手可能.

Simon Conway Morris, *The Crucible of Creation*, Oxford UP, 1998.〔サイモン・コンウェイ・モリス『カンブリア紀の怪物たち』松井孝典監訳、講談社現代新書、1997 年〕

Robert Olby, *The Path to the Double Helix*, Macmillan, London, 1974.〔ロバート・オルビー『二重らせんへの道　上・下』道家達将ほか訳、紀伊國屋書店、1982 年〕

Alexander Ivanovich Oparin, *The Origin of Life*, Macmillan, London, 1938; Dover, New York, 1953 より復刻.〔オパーリン『生命の起源と生化学』江上不二夫編、岩波新書、1956 年〕

Vitezslav Orel, *Gregor Mendel*, Oxford UP, 1995.〔V. オレル『メンデルの発見の秘録』篠遠喜人訳、教育出版、1973 年〕

Henry Fairfield Osborn, *From the Greeks to Darwin*, Macmillan, London, 1894 (第 2 版 1902).

Dorinda Outram, *Georges Cuvier*, Manchester UP, 1984.

Richard Owen, *On the Archetype and Homologies of the Vertebrate Skeleton*, van Voorst, London, 1848.

Richard Owen, *On the Nature of Limbs*, van Voorst, London, 1849; University of Chicago Press版, 2008.

Alpheus Packard, *Lamarck, the founder of Evolution*, Longmans, New York, 1901.

William Paley, *Natural Theology*, 初版 1822年, Oxford UP Classic, 2006 として入手可能.

John Playfair, *Illustrations of the Huttonian Theory of the Earth*, 初版 1802年, British Library Historical Print Edition, 2011.

John Playfair, *The Works of John Playfair*, Constable, Edinburgh, 1822.

Roy Porter, *The Making of Geology*, Cambridge UP, 1977.

Peter Raby, *Alfred Russel Wallace*, Pimlico, London, 2002.〔ピーター・レイビー『博物学者アルフレッド・ラッセル・ウォレスの生涯』長澤純夫・大曾根静香訳、新思索社、2007 年〕

Charles Raven, *John Ray*, Cambridge UP, 1942.

John Ray, *Miscellaneous Discourses Concerning the Dissolution and Changes of the Earth*, 初版は Samuel Smith, London より 1692 年出版, Olms, Hildesheim, 1968 により復刻.

Jacques Roger, *Buffon*, Cornell UP, Ithaca, 1997.〔ジャック・ロジェ『大博物学者ビュフォン』ベカエール直美訳、工作舎、1992 年〕

Matt Rossano, *Supernatural Selection: How Religion Evolved*, Oxford UP, 2010.

Martin Rudwick, *Georges Cuvier*, University of Chicago Press, 1997.

Anne Sayre, *Rosalind Franklin and DNA*, Norton, New York, 1975.〔アン・セイヤー『ロザリンド・フランクリンとDNA』深町眞理子訳、草思社、1979 年〕

Erwin Schrödinger, *What is Life?*, 初版 1944年, *Mind and Matter* との合本が Cambridge UP, 1967 より入手可能.〔シュレーディンガー『生命とは何か』岡小天・鎮目恭夫訳、岩波文庫、2008 年など〕

George Scrope, *Considerations on Volcanoes*, Phillips, London, 1825.

James Secord, *Victorian Sensation: The Extraordinary Publication, Reception, and Secret Authorship of Vestiges of the Natural History of Creation*, University of Chicago Press, 2000.

George Gaylord Simpson, *The Major Features of Evolution*, Columbia UP, 1953.

Charles Smith編, *Alfred Russel Wallace: An Anthology of his Shorter Writings*, Oxford UP, 1991.

John Maynard Smith, *Evolution and the Theory of Games*, Cambridge UP, 1982.〔J. メイナード・スミス『進化とゲーム理論』寺本英・梯正之訳、産業図書、1985 年〕

Nicholas Steno, *Prodromus* (The Prodromus of Nicolaus Steno's Dissertation Concerning a Solid Body Enclosed by Process of Nature Within a Solid), 初版 1669年, John Winter 訳・注, University of Michigan Press, 1916.〔ニコラウス・ステノ『プロドロムス』山田俊弘訳、東海大学出版会、2004 年〕

Jenny Uglow, *The Lunar Men: The Friends Who Made the Future 1730–1810*, Faber

& Faber, London, 2002.
Leonardo da Vinci, *The Notebooks of Leonardo da Vinci* (E. MacCurdy訳, 全2巻), Cape, London, 1938.〔『レオナルド・ダ・ヴィンチの手記　上・下』杉浦明平訳、岩波文庫、1954年など〕
Hugo de Vries, *Species and Varieties*, Daniel MacDougal編, Open Court, Chicago, 1905; https://archive.org/details/speciesvarieties00vrieuoft で閲覧可能.
Hugo de Vries, *The Mutation Theory*, Open Court, Chicago, 1910.
Alfred Russel Wallace, *A Narrative of Travels on the Amazon and Rio Negro*, Reeve, London, 1853.〔アルフレッド・R・ウォーレス『アマゾン河・ネグロ河紀行』田尻鉄也訳、御茶の水書房、2001年など〕
Alfred Russel Wallace, *The Geographical Distribution of Animals*, Harper & Brothers, New York, 1876; Kindle版がAmazonで入手可能.
Alfred Russel Wallace, *Darwinism: An Exposition of the Theory of Natural Selection with Some of Its Applications*, Macmillan, London, 1889; https://archive.org/stream/darwinismexposit00walluoft#page/n5/mode/2up で閲覧可能.〔A・R・ウォレス『ダーウィニズム』長澤純夫・大曾根静香訳、新思索社、2009年など〕
Alfred Russel Wallace, *My Life*, Chapman & Hall, London, 1905.
Alfred Russel Wallace, *Letters from the Malay Archipelago*, John van Wyhe & Kees Rookmaaker編, Oxford UP, 2015.〔アルフレッド・R.ウォーレス『マレー諸島　上・下』新妻昭夫訳、ちくま学芸文庫、1993年など〕
Richard Waller 編・刊, *The Posthumous Works of Robert Hooke*; 初版1705年, https://play.google.com/store/books/details/Robert_Hooke_The_Posthumous_Works_of_Robert_Hooke?id=6xVTAAAAcAAJ で閲覧可能.
Jonathan Weiner, *The Beak of the Finch*, Knopf, New York, 1994.〔ジョナサン・ワイナー『フィンチの嘴』樋口広芳・黒沢令子訳、ハヤカワ・ノンフィクション文庫、2001年〕
August Weismann, *Essays upon Heredity*, Clarendon Press, Oxford, 1891–92 (全2巻).
August Weismann, *On Germline Selection*, 初版1896年, 英語版 Open Court, Chicago, 1902.
August Weismann, *The Evolution Theory*, Edward Arnold, London, 1904 (全2巻); https://archive.org/details/evolutiontheory02weis_0 より入手可能.
William Wells, *Two Essays*, Constable, London, 1818.
Alfred North Whitehead, *Science and the Modern World*, 初版1925年, Cambridge UP, 2011より入手可能.〔『ホワイトヘッド著作集　科学と近代世界』上田泰治・村上至孝訳、松籟社、1981年など〕
George C. Williams, *Adaptation and Natural Selection*, Princeton UP, 新版1996年.
Arthur Wilson, *Diderot*, Oxford UP, 1972.
Edward O. Wilson, *Sociobiology*, Harvard UP, 1975.〔エドワード・O・ウィルソン

『社会生物学［合本版］』伊藤嘉昭監訳、新思索社、1999 年〕
Simon Winchester, *The Map that Changed the World*, HarperCollins, New York, 2001.〔サイモン・ウィンチェスター『世界を変えた地図』野中邦子訳、早川書房、2004 年〕
Sewall Wright, *Evolution: Selected Papers*, University of Chicago Press, 1986.
John van Wyhe, *Dispelling the Darkness*, World Scientific, Singapore, 2013.
Carl Zimmer, *Evolution*, HarperCollins, London, 2001.〔カール・ジンマー『「進化」大全』渡辺政隆訳、光文社、2004 年〕

進化論の進化史
アリストテレスからDNAまで

2022年6月10日　初版印刷
2022年6月15日　初版発行

*

著　者　ジョン・グリビン
　　　　メアリー・グリビン
訳　者　水谷　淳
発行者　早川　浩

*

印刷所　中央精版印刷株式会社
製本所　中央精版印刷株式会社

*

発行所　株式会社　早川書房
東京都千代田区神田多町2-2
電話　03-3252-3111
振替　00160-3-47799
https://www.hayakawa-online.co.jp
定価はカバーに表示してあります
ISBN978-4-15-210141-9　C0040
Printed and bound in Japan
乱丁・落丁本は小社制作部宛お送り下さい。
送料小社負担にてお取りかえいたします。

遺伝子（上・下）
—親密なる人類史—

THE GENE

シッダールタ・ムカジー
仲野　徹監修・田中　文訳
ハヤカワ文庫ＮＦ

19世紀後半にメンデルが発見した遺伝の法則とダーウィンの進化論が出会い、遺伝学は歩み始めた。そして今、人類はゲノム編集の時代を迎えている。遺伝子が握る人類の運命とは？　ピュリッツァー賞受賞の医学者が自らの家系に潜む精神疾患の悲劇を織り交ぜながら、圧倒的なストーリーテリングでつむぐ遺伝子全史。